JN060204

学校では絶対に教えてもらえない

超

ディープな
算数
教の
科書

マスオこと
難波博之

はじめに

「数学って、意味がよくわからない公式をひたすら暗記して解くだけですよね？　一体、数学のなにが面白いんですか？」

　学生時代に「数学の授業がつまらなかった」「数学が苦手だった」という人にこのような質問をされるたび、いつも私は答えに困っていました。

「どうすれば、数学の面白さを理解してもらえるんだろう？」

　そんなことを考えながら、数学が苦手だという人たちと話をしたり、一般向けに書かれた数学の本を読んだりしているうちに、ある日、ふと気付きました。

　数学を専門に研究している人や、数学愛好家といわれるような人にとっては当たり前すぎるほど当たり前の「常識」なのに、世間的にはまったくといっていいほど知られていないことがあったのです。

　そして、私は「もしかしたら、これが『数学が得意な人』と『数学が苦手な人』を大きく隔てている"壁"の正体なのかもしれない」と、考えたのです。
　では、世間的にほとんど知られていないこととは、一体なにか？
　それは、数学の内容は「ルール（定義）」と「事実（定理）」

に分けられるということです。

「ルール」と「事実」という視点で数学を見ると、たちまち数学の研究者や数学愛好家たちがハマっているような、眠れなくなるほど面白い「超ディープな数学の世界」が目の前に現れるのです。

　たとえば、みなさんは次の質問に答えられるでしょうか？

・なぜ、＋や－より×や÷を先に計算するのか？
・なぜ、分数の割り算は分母と分子をひっくり返してかけるのか？
・なぜ、小数のかけ算は整数をかけてから小数点をずらすのか？
・なぜ、三角錐の体積は、底面積×高さ÷３で求められるのか？

　いずれも小学校の算数で習う、ごくごく基礎的な計算や図形の公式です。

　しかし、小学校レベルの公式であっても、「なぜ、そうするのか？」という理由をきちんと答えられる人はほとんどいないと思います。

「ルール」と「事実」という視点が身につくと、数学（算数）そのものの理解が驚くほど深まります。

　そして、「なぜ、そうするのか？」という疑問に、自信を持って答えられるようになるのです。

　学校で習う数学（算数）の授業には、「ルール」と「事実」という視点がすっぽり抜け落ちています。

4

しかも、「ルール」と「事実」がごちゃまぜに扱われてしまっています。

　そのため、多くの人にとって、数学（算数）が「計算や図形の公式を意味がわからないまま暗記するだけの教科」になってしまっているのです。

　そこで本書では、数学における「ルール」と「事実」という視点を身につけていただくことを一番の目的とするため、あえて題材を小学校の算数にしています。

　そして、算数で習う計算や図形の公式を取り上げて、「なぜ、そうするのか？」を解説していきます。

　さらに、最終章では算数の応用問題を取り上げながら、数学ができる人の視点や発想について、さらに踏み込んで解説しています。

　数学が苦手だという人にこそ読んでいただきたいという思いから、本書は、先生役の「マスオ」と、生徒役の「数学が苦手な社会人、マリ」の２人の会話形式にしました。学生時代に数学が苦手だった人でも、スラスラと読み進められる内容になっているはずです。

　本書が、学生時代に数学が「つまらなかった」「苦手だった」という方々にとって、数学の面白さに目覚める一助となれば幸いです。

難波博之

CONTENTS

はじめに ……………………………………………………………………… 3

【 ホームルーム 1 】

学校では教えてもらえない
「超ディープ」な算数の世界 …………………………………………… 14

【 ホームルーム 2 】

算数（数学）は
「ルール」と「事実」に分けられる！ ……………………… 19

【 ホームルーム 3 】

数学の本当の面白さは
「事実」の探究にある！ …………………………………………… 22

第 1 章

じつは、
この先変更される可能性もある！？
算数の「計算」の公式

1【 計算の順番 】

なぜ、＋や－より×や÷を
先に計算するのか？ ……………………… 26

2【 素数 】

なぜ、「1」は素数ではないのか？ ……………… 34

3【 倍数の判定法 】

なぜ、「ケタの足し算」で
3の倍数がわかるのか？ …………………………… 39

4【 割り算 】

なぜ、「6 ÷ 2 ＝ 3」なのか？ ……………………… 46

5【 0 の割り算 】

じつは、「2 ÷ 0 ＝ 0」ではない！ ……………… 54

6 【 分数の足し算 】

なぜ、分母はそのままで
分子を足し算するのか？ …………………………………… 59

7 【 分数のかけ算 】

なぜ、分母同士、分子同士を
かけ算するのか？ ………………………………………………… 67

8 【 通分 】

なぜ、分母と分子に
同じ数をかけてもよいのか？ ……………………………… 72

9 【 分数の割り算 】

なぜ、分母と分子をひっくり返して
かけ算するのか？ ………………………………………………… 77

10 【 小数のかけ算 】

なぜ、整数のかけ算をしてから
小数点をずらすのか？ ………………………………………… 85

11 【 四捨五入 】

なぜ、0 ～ 4 は切り捨てて、
5 ～ 9 は切り上げるのか？ ………………………………… 92

第 **2** 章
じつは、
定義が曖昧だった!?
「図形」の公式

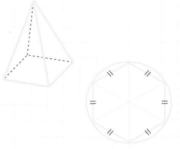

---

12 【 円 1 周分の角度 】
なぜ、円 1 周分の角度は 360° なのか? ················· 100

13 【 多角形の内角の和 】
なぜ、「180 ×（n-2)°」なのか? ······························ 104

14 【 図形の合同 】
なぜ、3 辺の長さがそれぞれ等しい
2 つの三角形は合同なのか? ································· 115

15 【 二等辺三角形 】
なぜ、2 つの内角は等しいのか? ····························· 120

16 【 平行四辺形 】
平行四辺形とは、どんな形のこと? ····················· 124

17 【 長方形 】

長方形、ひし形、正方形は
どんな四角形のこと？ ‥‥‥‥‥‥‥‥‥‥‥‥‥‥‥‥ 132

18 【 長方形の面積 】

なぜ、「縦×横」なのか？ ‥‥‥‥‥‥‥‥‥‥‥‥‥‥‥ 136

19 【 三角形の面積 】

なぜ、「底辺×高さ÷2」なのか？ ‥‥‥‥‥‥‥‥‥‥‥ 147

20 【 円周率 】

なぜ、「3.14くらい」なのか？ ‥‥‥‥‥‥‥‥‥‥‥‥‥ 157

21 【 円の面積 】

なぜ、「半径×半径×円周率」なのか？ ‥‥‥‥‥‥‥‥‥ 165

22 【 図形の拡大 】

図形を2倍に拡大すると、
面積や体積は何倍になる？ ‥‥‥‥‥‥‥‥‥‥‥‥‥‥‥ 170

23 【 錐の体積 】

なぜ、三角錐の体積は
「底面積×高さ÷3」なのか？ ‥‥‥‥‥‥‥‥‥‥‥‥‥ 178

24 【 一筆書き 】
なぜ、「田」という漢字は
一筆書きできないのか？ ……………………………………… 190

第 **3** 章
「努力で解ける問題」と
「才能が必要な問題」

25 【 算数学習法 】
「数学が得意な人」は、いったい何が違う？ ………… 198

26 【 連続した数のたし算 】
「1＋2＋3＋…＋100」を素早く計算する方法 …………… 205

27 【 等差数列の和 】
「3＋7＋11＋…＋39＋43」を素早く計算する ………… 208

28 【 ラングレーの問題 】
あなたは、「この補助線」に気付ける？ ………………… 211

29 【 数列の一般項 】
「1,1,2,3,5」の次の数字は？ ………………………………… 224

30 【 限られた数で特定の数字をつくる 】
「4」を4つ使って「0 〜 10」をつくる ………………… 230

おわりに ……………………………………………………………… 236

本書の 登場人物紹介

💡 マスオ先生

月間 150 万 PV のウェブサイト、「高校数学の美しい物語」の管理者。その正体は、東大卒の超大手メーカー研究員。中1時点で、独学で高校数学の全範囲を習得したほどの数学マニア。高校生のときには国際物理オリンピックメキシコ大会で銀メダルを受賞している。

✏️ マリ

メーカーの営業職で働く 20 代の女性。自他ともに認めるド文系で、学生時代は数学のテストで赤点常連だった。営業実績の計算もままならず、先輩社員に怒られる毎日から脱却したいと、算数の学び直しを決意。

ホームルーム 1

学校では教えてもらえない 「超ディープ」な算数の世界

🔋 大人になってから学び直す、算数の授業

マスオ先輩！
先輩って、数学のウェブサイトを開設して、本まで出しているんですか!?

マリさん、血相を変えてどうしたんですか？

私、甥っ子の家庭教師を頼まれたんですが、算数はまったくダメで……。
「マリさんって、大人なのに算数もわからないんだね！」っていわれちゃったんです。もう、すっごく悔しくて……。

なるほど……。
それで、イチから算数を学び直したいというわけですね？

そうなんです！
私、もともと数学どころか、算数すらおぼつかなくて……。よく数字を間違えるので、営業部長にも怒られっぱなしなんです。でも、この機会に、そんな自分をなんとかしたいと思って……。私に数学の楽しさを教えてください、マスオ先輩……、いえ、マスオ先生！

わかりました。
そこまでの決心ということでしたら、協力させていただきます！

本当ですか??　ありがとうございます！

 なぜ、算数の授業は「解説ナシ」で進むのか？

私、中学校から高校まで、数学のテストはずっとボロボロで、数学が大の苦手科目だったのですが、よく考えてみると、その原因は小学生時代にあったと思っているんです……。

なるほど、とても興味深いお話ですね。

たとえば、算数の授業で「かけ算と割り算は、足し算と引き算より先に計算する」という基本を習いますよね？
そのとき、「なんで、左から計算したらダメなの？」という疑問を持ったんです。

それは、いい質問です。なかなか鋭い視点ですね。

先生にこの質問をしたら、「マリさん、それはそういうものだから、そのまま覚えればいいんですよ」と、いわれてしまったんです。

なるほど……。

それ以降も、新しい単元を習うたびに、「なんで？」と疑問だらけだったんです。

でも、先生にいわれたとおり、「疑問に思っちゃダメなんだ。そのまま覚えよう！」と努力してみたのですが、やっぱり、モヤモヤした気持ちが残ったままでした。

そして、気付いたら、数学がサッパリわからなくなっていました……。

なるほど、マリさんのお話はよくわかりました。それは、けっして特殊ケースではないと思います。

私の周囲にいる、学生時代に数学が苦手だった人の多くも、マリさんと同じような経験をしているみたいです。

本当ですか!?

私だけじゃなかったんですね！　少しホッとしました！

学生時代のマリさんをひと言でいうと「ルール（定義）に深入りしちゃった」状態です。

ルールに深入り……？

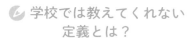学校では教えてくれない
定義とは？

「かけ算と割り算は、足し算と引き算より先に計算する」は、「ルール」です。

ルール（定義）とは、簡潔にいえば、「数学における決まりごと」

16

です。

ルールは、あくまで「誰かがそのように決めたもの」にすぎないので、じつは、すべての人が納得できるような明確な理由はありません。

えーーっ‼　理由がないんですか⁉

はい。

「それなりに納得できそうな理由」をいうことはできますが、「誰も反論できない理由」は存在しません。

明確な理由が存在しなかったなんて、衝撃です……。

「ルール」は、例えるなら「車両は左側通行をする」という法律のようなものです。

法律は、あくまで「人間がつくり出したもの」であり、「真理」ではありませんよね？　それと同じです。

ルールは「いつでも絶対に正しいもの」ではないので、この先、変更される可能性もあります。

えーっ！　本当ですか⁉

学校の教科書に載っている話なのに、変わってしまう可能性があるんですか⁉

はい。

ただ、「かけ算と割り算は、足し算と引き算より先に計算する」については、広く浸透しているルールなので、変更される可能

性は極めて低いと思います。

それでも、この先、変更される可能性が0％と言い切ることはできないということです。

 もしかして……、算数で習う内容って、すべてルールなんですか？

 いえ、話はそんなに単純でもないんです……。

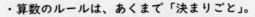
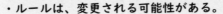

マリのmemo

・算数のルールは、あくまで「決まりごと」。

・ルールは、変更される可能性がある。

算数（数学）は「ルール」と「事実」に分けられる！

  学校では教えてくれない「定義」と「定理」の違い

数学の世界には、決まりごとである「ルール（定義）」と、すでに学術的な証明がされている「事実（定理）」があります。
じつは、小学校に限らず、中学や高校の教科書の内容も含めて、ルールと事実がごちゃまぜに扱われているんです。

ルールの他に「事実（定理）」というのもあるんだ……。

すでに学術的な証明がされている「事実（定理)」については、ルールと違って、この先変更される可能性は０％です。前提となるルールが変わらない限り、絶対に覆ることはありません。
数学の世界には「ルール」と「事実」の２つがあるということを知るのが、数学ができる人になるための第一歩なんです。

そうなんですか!?
でも、ルールと事実の違いなんて、授業で習った記憶はないですが……。

おそらく、多くの人がマリさんと同じだと思います。
私の場合、「ルール」と「事実」を明確に区別して意識するようになったのは、大学に入ってからでした。

数学の研究者や、大学で数学を専攻した人にとっては、「ルール」と「事実」の存在は「常識」ですが、世間的にはほとんど知られていない話だと思います。

 私もまったく知りませんでした……。

 数学をテーマにした書籍を読んでいても、書き手がルールと事実の違いをきちんと理解できていないのではないかと疑問に感じる文章を目にすることがあります。
「ルール」と「事実」をきちんと区別して教えている学校の先生というのも、かなり少ないのではないでしょうか。

マリのmemo
・数学の内容は、「ルール（定義）」と「事実（定理）」に分けられる。
・数学ができる人になりたいなら、数学の内容を「ルール」と「事実」に分けて考えることが大切。

●ディープな数学の世界は 「ルール」と「事実」に分けられる

《ルール（定義）》

・数学における決まりごと。
・「誰かがそのように決めたもの」なので、 すべての人が納得できる明確な理由はない。
・この先、変更される可能性がある。

《事実（定理）》

・すでに学術的な証明がされている。
・前提となるルールが変わらない限り、 内容が変更されることは絶対にない。

数学の本当の面白さは 「事実」の探究にある！

💡 「定義」と「定理」の違いを意識すると、 理解が深まる

 数学の面白さは、「事実（定理）」の探求にあると私は考えています。数学者の多くは、新しい「事実（定理）」を発見すべく、日夜数学の研究に取り組んでいるのです。

 へえー！　そうだったんですね！　……でも、「事実（定理）」の発見なんて、そもそも算数でつまずいた私には完全に別世界の話ですよね……。そんなレベルの高い話ではなく、私はもっと初歩的な内容を教えてほしいだけなんですけど……。

 いや、けっしてマリさんにとって、別世界の話ということでもないんですよ。小学校で習う算数の中にも、「事実」はたくさん存在していて、マリさんでも十分理解できる内容です。
先ほどマリさんもいっていたように、小学校では「ルール」も「事実」も、「これはこういうものだ」としか教わらないので、両者の違いがいまいちよくわからないと思います。

 はい、正直、「ルール」と「事実」の違いについて、まったくピンときていないです……。

なので、これから、算数の重要なトピックを1つずつ取り上げて、「ルール」と「事実」の違いを意識しながら解説していきます。
「事実」については、あわせて「証明」もお見せします。
きっと、学生時代にマリさんが抱いていた疑問がスッキリ解消し、数学が10倍楽しくなると思います。マリさんの甥っ子さんにも、自信を持って算数を教えることができるようになるはずです！

 おー‼ なんだか、とてもワクワクしてきました！
……ちなみに、「証明」って、どういうことですか？

 数学の世界でいう「証明」とは、大雑把にいうと、ある主張が論理的に正しいことを保証する厳密な説明のことです。
証明することで、はじめてその発見が「事実（定理）」として認められます。
つまり、「事実」には必ず証明が存在しているということです。
「百聞は一見にしかず」なので、話はこれくらいにして、さっそく1つずつ見ていきましょう！

 よろしくお願いします！

マリのmemo

・数学の醍醐味は、「事実」を発見したり証明したり することにある。
・数学の内容を「ルール」と「事実」に整理して考 えることで、理解が深まる。

$$\frac{a}{b} = \frac{a \times c}{b \times c}$$

$\div$

$\times$

$+$

第 1 章

じつは、
この先変更される可能性もある!?
算数の「計算」の公式

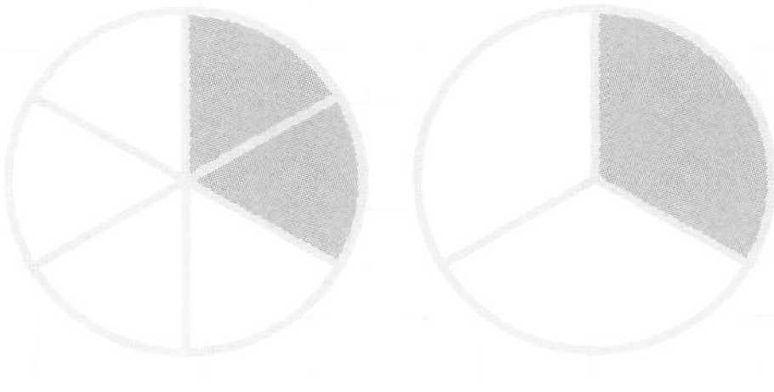

$\frac{b}{a} = a \div b$

なぜ、＋ や − より × や ÷ を先に計算するのか？

 小学校で疑問だった「× ÷」が優先される理由

まずは、マリさんが算数で最初につまずいた「かけ算と割り算は足し算と引き算より優先する」から話を始めます。

先ほどチラッと話題に出ましたが、たしか、これは「ルール」なんですよね？

はい、「かけ算と割り算は優先して計算する」は、ルールです。私なりに、いくつか理由を挙げることはできますが、やはり「誰もが 100％納得するような理由」というのは思いつきません。

 「左から計算する」だと、なにが変わるの？

 例として、「1 ＋ 2 × 3」という計算を見てみましょう。
通常では「かけ算を先に計算する」のがルールですから、計算は次のようになります。

$$1 + 2 \times 3 = 1 + 6 = 7$$

そうなんですよね。小学校時代、私はなんでかけ算を先に計算しなきゃいけないのかがわからなくて、次のように書いて先生にバツをつけられたんです……。

$$1 + 2 \times 3$$
$$= 3 \times 3$$
$$= 9$$

「かけ算を先に計算する」というルールがあるので、たしかにバツですね。

でも、これって、なぜダメなんでしょうか!?　左から順番に計算するほうが、絶対にわかりやすいと思うんですけど……。

マリさんの気持ちもわからなくはないです。
考えられる理由の1つとしては、「かけ算と割り算を先に計算したほうが、カッコをいちいち書く手間が省けて便利だから」といえますね。

えーっ!?　「便利だから」って……。じゃあ、「左から計算する」というルールにしてもよかったということですか!?

みんなが了解して、そのルールで計算するのであれば「あり」だといえます。

たとえば、マリさんのお友達の間で「左から計算する」という
ローカルルールをつくったとしても、数学的には問題はないと
いえます。

 えー‼　そうだったんだ……。でも、「数学的に問題はない」
といっても、「左から計算する」というルールで同じ式を計算
すると、答えが変わってしまうんですよね？

 はい、そのとおりです。具体例で説明したほうがわかりやすい
と思うので、次の問題を考えてみましょう。

問題

「100円のジュースを7本」と「500円のお弁当を5つ」
を購入すると合計金額はいくら？

100 円　100 円　100 円　100 円　　　　500 円　　　500 円

100 円　100 円　100 円　　　　500 円　　　500 円

500 円

えーっと、ジュースが「100円×7個」で、お弁当が「500円×5個」だから……？

 「かけ算と割り算は優先して計算する」のルールのもとでは、次のような式で答えが導き出せます。

$$100 \times 7 + 500 \times 5$$
$$= 3200 \text{円}$$

では、「左から計算する」というルールの場合、どうなるでしょうか？
マリさん、同じ式を「左から計算する」というルールで計算してみてください。

 はい、わかりました！

$$100 \times 7 + 500 \times 5$$
$$= 700 + 500 \times 5$$
$$= 1200 \times 5$$
$$= 6000 \text{円}$$

やっぱり、間違った答えになってしまいます……。

ですよね。
「左から計算する」ルールのもとで正しい答えを出すには、次のように式を分ける必要があるんです。

100 × 7 = 700 円
500 × 5 = 2500 円
700 + 2500 = 3200 円

なるほど！
これなら、ちゃんと正解になりますね！

もう 1 つの解決策としては、「カッコ内の式を優先して計算する」という、新たなルールをつくることで、次のようにまとめることもできます。

(100 × 7) + (500 × 5) = 3200 円

式を 3 つも書くよりは、こっちのほうがシンプルですね！

ですが、「かけ算と割り算を優先」ではカッコが不要だったのに、「左から計算する」ルールにすると、カッコが必要になっ

てしまいましたね。

なるほど、「かけ算と割り算を優先する」ことでカッコを書か
なくてよいことはわかりました。
……でも、カッコを書く手間なんて、たいしたことないように
思うんですけど……。

もちろん、マリさんのように「カッコくらい書いたっていい」
と思う人もいるでしょう。
でも、式がもっと複雑になったとしたら、どうでしょうか？
たとえば、先ほどは「ジュース」と「お弁当」の2種類でした
が、これが10種類に増えたらどうでしょうか？

ジュースとお弁当ではカッコが2つだったから、10種類にな
ると、まさかカッコを10個も書かないといけないってことで
すか!?

そのとおりです。

たしかに、この例では「かけ算と割り算を優先」というルール
のおかげで、カッコを使わずに表せて嬉しいことがわかりまし
た。他の計算でも同じなんですか？

たとえば、

・50 円玉が 3 枚で 100 円玉が 2 枚、合計金額は？
　→ 50 × 3 ＋ 100 × 2
・567 を各ケタに分解すると？
　→ 5 × 100 ＋ 6 × 10 ＋ 7 × 1

というように、日常で使う多くの計算が、「かけ算と割り算を優先」というルールのおかげで、カッコを使わずに表せるんです。

 なるほど。
「かけ算と割り算を先に計算したほうが、カッコをいちいち書く手間が省けて便利だから」の意味がよくわかりました。

 「かけ算と割り算を先に計算する」というのはルールなので、「誰もが 100％納得するような説明」はできませんが、少しは納得してもらえたでしょうか？

 70％くらい納得しました！

 「かけ算と割り算を先に計算する」は「算数や数学のルール」の一例です。
数学の世界には、「絶対にこうしなければならない」とまでは言い切れないものの、利便性のためにつくられたルールがたくさんあります。

小学校の頃に私が悩まされた「かけ算と割り算を先に計算する」は、「便利だから」という理由でつくられたルールだったんだ……。

 そのとおりです。
「かけ算と割り算を優先する」というのはルールであり、証明できるようなものではありません。
このルールを「事実」として扱うのは数学の世界では誤りといえるでしょう。

 ルールということは、今後、「左から順番に計算する世界」がやってくる可能性があるということですよね?

 「ありえない」とは言い切れないですね。
ただ「かけ算と割り算が優先」は、先ほどもお話ししたとおり利便性が高いルールです。
このルールに関しては、"ほぼ"絶対変わらないといってよいでしょう。

マリのmemo

・「かけ算と割り算は、足し算と引き算より先に計算する」は、あくまでルール。理由は、そのほうが便利だから。

・数学の中には、「便利だから」「都合がよいから」という理由でつくられたルールがたくさんある。

【素数】

2 なぜ、「1」は素数ではないのか？

「素数」のルール

 ルールについて理解をより深めてもらうために、もう1つ例を紹介したいと思います。

マリさん、素数って覚えていますか？

 えーっと、学校で習った記憶はあるんですが……。

たしか、1以外に割れる数がない数字みたいな感じだったような……。

 だいたい合っています。

素数のルールは、次のようになります。

≪素数のルール≫

素数とは、1より大きく、正の約数が1とその数のみである整数のこと。

マリさんのために「約数」について補足すると、たとえば、6は「2×3」なので「2と3は、6の約数」となります。

たとえば、10以下の素数は「2、3、5、7」の4つです。

思い出しました！

素数にも、ちゃんとルールがあるんですね。

でも、そもそも、なんで「1より大きく」という文言がついたのですか？

1を素数に含めてもよさそうですよね？

あくまでルールなので、「1も素数にするべき」という意見はもちろんアリです。

ただ、「素数に1を含めないこと」については、多くの人が納得できる「合理的な理由」があります。

それは、「素因数分解の一意性」という事実（定理）をシンプルに表せるからです。

……イチイセイ？

なんだか難しそう……。

字面だけだと難しく見えますが、内容は簡単ですよ。

≪素因数分解の一意性の事実≫

2以上の整数は、順番の違いを除いて1通りの方法で素因数分解できる。

たとえば、「12」という数は「2 × 2 × 3」という「素数だけのかけ算」に分解できます。

「4 × 3」だと、4 が素数ではないからダメなんですね。

4 は、さらに「2 × 2」に分解できます。このように考えると、「12」の素因数分解は「2 × 2 × 3」の 1 通りのみになる、ということです。

その際、「順番の違い」は無視して、「2 × 3 × 2」も同じ式とみなします。

1 が素数に含まれると、なにが不都合なんですか？

1 を素数に含んでしまうと、素因数分解を考えたときに、

12 = 2 × 2 × 3
12 = 1 × 2 × 2 × 3
12 = 1 × 1 × 2 × 2 × 3

というように、複数の方法でできてしまいます。

つまり、素因数分解の一意性（1 通りの方法で素因数分解できる）が成立しないんです。

そっか！

たしかに、1 は何回かけても数が変わりませんしね……。

このルール上で「素因数分解の一意性」を説明しようとする

と、「2以上の整数は、順番の違いと、1の個数を除いて、1通りの方法で素因数分解できる」という文言になってしまうんです。

長くてわかりにくい……。「1の個数を除いて」という文言が余計に入ってしまうわけですね。

はじめから「1を素数に含めない」としたほうが、スッキリするというわけです。

「影響が大きいルール」と「影響が小さいルール」

素数に1を含めないのも、「そのほうが都合がよいから」という理由なんですね……。

「1を素数に含める」というルールに変更しても、事実（定理）の記述方法が少し複雑になるだけで、数学的に大きな問題が生じるわけではありません。

そこまで重要なルールじゃない、ということですか？

社会においても、「社会の秩序を守るための重要なルール」から、それ自体では「社会に大きな影響を与えないような小さなルール」までありますよね？
数学の世界でも、大事なルールと、そこまで大事ではないルールがあるんです。

なるほど……。
ちなみに、「かけ算と割り算を優先する」と比べると、どちら
のほうが大事なんでしょうか？

 個人的には、「1 を素数に含めない」よりも、「かけ算と割り算
を優先する」のほうが大事だと思います。

 それは、どうしてなんでしょうか？

 「かけ算と割り算を優先する」というルールの変更のほうが、
より多くの事実（定理）や数式の記述に影響を与えるからです
ね。
ただ、もちろん「1 を素数に含めない」ほうが大事だと考える
人もいるかもしれません。

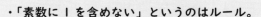
マリのmemo

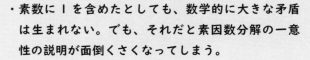
・「素数に 1 を含めない」というのはルール。
・素数に 1 を含めたとしても、数学的に大きな矛盾
　は生まれない。でも、それだと素因数分解の一意
　性の説明が面倒くさくなってしまう。

【倍数の判定法】

なぜ、「ケタの足し算」で 3 の倍数がわかるのか？

📒 数学では、絶対に成り立つ「事実」がある

 マリさん、数学の「ルール」について理解できてきましたか？

 はい、だいぶイメージできました！

 では次に、「事実」について具体的に説明したいと思います。
数学の世界には、ルール（定義）の他に、もう 1 つ、「事実（定理）」
があります。ルールと違い、学術的に証明されているので覆る
ことはありません。
さっそくですがマリさん、「123」は 3 の倍数でしょうか？

 「3 をかけると 123 になる数字があるか？」ということですよ
ね。えーっと、40 をかけると 120 で、41 をかけると……。

 じつは 3 の倍数について、次の「事実」がすでに証明されて
います。

≪ 3 の倍数の事実≫

整数について、各ケタの和が 3 の倍数ならば、その数
は 3 の倍数である。

---

123 の各ケタの数を足すと、1 + 2 + 3 = 6 になりますよね？
そして、6 は 3 の倍数 (3 × 2 = 6) です。したがって、123
は 3 の倍数ということです。

 そんな簡単な判別方法があるんですね。
でも、なんで、「各ケタの数を足して 3 の倍数になるなら、も
との数も 3 の倍数」といえるんでしょうか？

 事実については「証明」できますので、実際に私が証明して、
マリさんにカラクリをお見せします。

 お願いします！

 「1 + 2 + 3 が 3 の倍数なので、
123 も 3 の倍数になる」を確認する

まず、123 を「100 + 20 + 3」に分解します。
次に、各ケタの数をさらに分解してみます。

```
100 = 1 × 100
 20 = 2 × 10
  3 = 3 × 1
```

次に、100 を「99 + 1」、10 を「9 + 1」に分解します。

$$100 = 1 \times (99 + 1)$$
$$20 = 2 \times (9 + 1)$$
$$3 = 3 \times 1$$

さらに、99 を「3 × 33」、9 を「3 × 3」と分解します。

$$100 = 1 \times (3 \times 33 + 1)$$
$$20 = 2 \times (3 \times 3 + 1)$$
$$3 = 3 \times 1$$

つまり、123 は次のように表せます。

$$123 = 1 \times (3 \times 33 + 1) + 2 \times (3 \times 3 + 1)$$
$$+ 3 \times 1$$

3 という数字ばっかりになりましたね。

ここで、カッコ内の「＋1」をカッコの外に出します。

$$123 = 1 \times (3 \times 33) + 2 \times (3 \times 3) + 1 + 2 + 3$$

続けて、色字の部分を次のようにまとめます。

$$123 = \{1 \times (3 \times 33) + 2 \times (3 \times 3)\} + 1 + 2 + 3$$
$$= 3 \times \{(33 \times 1) + (3 \times 2)\} + 1 + 2 + 3$$

色字の部分は 3 のかけ算になっているので、「3 の倍数」だとわかりますよね。では、残りの「1 + 2 + 3」はどうでしょうか？

 1 + 2 + 3 = 6 なので、3 の倍数ですね！

 そのとおりです。「3 の倍数 + 3 の倍数」なので、「123 は 3 の倍数」ですよね。マリさん、下の色字の箇所をもう一度よく見てください。なにか気付きませんか？

$$123 = 3 \times \underbrace{\{(33 \times 1) + (3 \times 2)\}}_{\text{3 の倍数}} + \underbrace{1 + 2 + 3}_{\text{各ケタの数の和}}$$

 あっ！　各ケタの数の足し算になってる‼

 そのとおりです。これが「1 + 2 + 3 が 3 の倍数なので、123 も 3 の倍数になる」のカラクリです。

「各ケタの数の和で 3 の倍数を判定できる」 を証明する

 でも、これって 123 だけという可能性はないんですか?

 それが、123以外の数でも成り立つんです。では、100の位がA、10 の位が B、1 の位が C であるような「ABC」という 3 ケタの数で考えてみましょう。

$$ABC = 100 \times A + 10 \times B + C$$

先ほどと同じ要領で、この式を変形します。

$$
\begin{aligned}
ABC &= 100 \times A + 10 \times B + C \\
&= A \times (3 \times 33 + 1) + B \times (3 \times 3 + 1) + C \\
&= \{A \times (3 \times 33) + A + B \times (3 \times 3) + B\} + C \\
&= \{3 \times (A \times 33) + 3 \times (B \times 3)\} + A + B + C \\
&= 3 \times (33 \times A + 3 \times B) + A + B + C
\end{aligned}
$$

 あっ! 式の後半が「A + B + C」になってる!!
なんか不思議〜!
なんで、こんなふうになるんですか?

ちゃんと理由を説明することができます。

要は、A × (3 × 33 + 1) と B × (3 × 3 + 1) のカッコの中に「＋ 1」があるからなんですね。たとえば、「200」の場合であれば、200 = 2 × (3 × 33 + 1) となりますよね。

「＋ 1」にケタの数である 2 をかけてカッコの外に出すので、200 = 2 × (3 × 33) ＋ 2 となるわけです。

 なるほど！　ちなみに 3 ケタ以外でも成り立つんですか？

 2 ケタでも 4 ケタでも、同じように変形できます。

【2 ケタの整数の場合】
AB = 3 × (3 × A) ＋ A ＋ B
→ケタの和 A ＋ B が 3 の倍数なら、もとの数 AB も 3 の倍数。

【4 ケタの整数の場合】
ABCD = 3 × (333 × A ＋ 33 × B ＋ 3 × C)
　　　　＋ A ＋ B ＋ C ＋ D
→ケタの和 A ＋ B ＋ C ＋ D が 3 の倍数なら、もとの数 ABCD も 3 の倍数。

ここでは省略しますが、5 ケタ以上でもすべて成り立ちます。

ちなみに、数学ができる人がこの証明を見ると、もう 1 つ別の事実にも気づけるかもしれません。

もう１つの事実……ですか？

もう一度、式を見てください。次のような変形の仕方も可能ですよね？

$$ABC = 3 \times (33 \times A + 3 \times B) + A + B + C$$
$$= 9 \times (11 \times A + B) + A + B + C$$

あっ！　今度は「9の倍数 + 各ケタの和」になりました！

はい、3の倍数と同じく、9の倍数についても同じ事実が成り立つということですね。

≪事実≫

整数について、各ケタの和が9の倍数ならば、その整数は9の倍数である。

マリのmemo

・「各ケタの数の和が3の倍数なら、その整数は3の倍数」は、「事実」。
・数学における「事実」には、必ず証明がある。

【割り算】

4

なぜ、「6 ÷ 2 = 3」
なのか？

🔵 小学校で習う、「等分方式」の割り算のルール

 なんとなくですが、数学の「ルール」と「事実」の違いが理解できてきたような気がします！

 では、話を先に進めましょう。次は、「割り算」についてお話ししたいと思います。

 割り算は小学校のときにとても苦労した記憶が……。

 小学校の算数では、割り算でつまずく子が多いようですね。小学校時代、マリさんは割り算を次のようなルールで習いませんでしたか？

> ≪割り算のルール≫
>
> 割り算「a ÷ b」とは、a 個の物を b 人で等分したときに、1 人あたり何個となるかを表す数である。

図にすると、次のようなイメージですね。

●学校で習う「6÷2=3」のイメージ

6個のみかんを

2人で分けると

3つずつになる

はい、まさにこう習いました！

 私も小学生のときにこのように習いました。割り算は、小学校で「かけ算」の次に習う科目です。理由は、割り算をする上で、かけ算の考え方が使われているからです。

 かけ算と九九をしっかり覚えておかないと、割り算でつまずいちゃうんですよね～。

 じつは、マリさんが小学校時代に習った「割り算のルール」に基づくと、次のような「事実」が導き出せます。

≪事実≫

$a \div b = c$ となるとき、$a = b \times c$ である。

 ……ルールに基づくと、事実が導き出せる？
あれっ？「ルール（定義）」と「事実（定理）」って、別々のものじゃなかったんですか？

 ここまで、私は「ルール」と「事実」を別々のものとしてマリさんに紹介していたので、マリさんの理解はけっして間違っていません。
ただ、じつは「ルール」と「事実」という言葉には、次のような関係もあるんです。

≪「ルール」と「事実」という言葉の関係≫
ある定められた「ルール」をもとにしたとき、必ず導き出される事柄を「事実」という。

割り算を「物を分配する」というルールにしたとき、a ÷ b の答え c に対して、a ＝ b × c となりますよね？
たとえば、6 ÷ 2 ＝ 3 に対して、6 ＝ 2 × 3 となっています。

……たしかに、そうなりますね。

したがって、「割り算『a ÷ b』とは、a 個の物を b 人で等分したとき、1 人あたり何個となるかを表す数である」というルールのもとでは「a ÷ b ＝ c となるとき、a ＝ b × c である」は、必ずそうなるという意味で「事実」になるんです。

なるほど……。まだ完璧にとはいえませんが、マスオ先生のお話は理解できました。

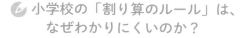
小学校の「割り算のルール」は、
なぜわかりにくいのか？

ところが、「物を分配する」というルールでは、たとえば 2 ÷ 0.5 のように小数を含んだ割り算になった途端に、不都合が生じてしまいます。

問題

2個のみかんを 0.5 人で分けるとき、1 人あたり何個となるか？

 0.5 人で分けるというのはよくわからないです……。
答えは 4 になる気がするんですが、みかんは 2 個しかないのに、1 人あたり 4 個って明らかにおかしいですよね……。

 そのとおりです。
「物を分配する」というルールでは、小数の割り算を正しく説明できません。

 ### 小学校で教えてくれない「割り算のルール」

 じゃあ、小数の割り算はどのように理解したらいいんでしょうか？

 ルールを変えてしまいましょう。

 えっ!?　ルールを変えることなんてできるんですか？

 はい。「a 個のみかんを b 人で等分するとき、1 人あたりの個数を c とする」が、割り算のルールでした。その結果として、以下の事実が導き出せましたよね。

a ÷ b ＝ c であれば、a ＝ b × c である

 でも、等分のルールだと、小数の計算を正しく説明できないんですよね？

 そこで、この事実を参考に、次のようにルールを決め直すのです。

≪割り算の新たなルール≫

a ÷ b とは、a ＝ b × c となる c のこと。
つまり、b をかけると a となる数のこと。

 ええと……。
「2個のみかんを0.5人で割る」という話は、どうなったんでしょうか？

 一度、「物を分けるための割り算」という考え方（古い割り算のルール）を捨ててしまいましょう。

 考え方を捨てる??

2 ÷ 0.5 は、このように考えてみてください。

> **0.5 をかけたとき、答えが 2 になる数を探す。**

実際にやってみましょう。

> 2 ÷ 0.5 = c
> → 0.5 × c = 2 となる c を探す。
> 0.5 × 4 = 2 となるので、c = 4
> つまり、2 ÷ 0.5 = 4

 新たなルールで考えると、小数の割り算も同じように説明できますね。**本当は、割り算は「物を分配する計算」ではなかったんですね！**

 そういうことになりますね。
ある計算の逆の操作を行うことを「逆演算」ということがあります。**「割り算は、かけ算の逆演算」**といえますね。

 割り算が、かけ算の逆？

 割り算の新たなルールを使うと、「a = c × b」のとき、「a ÷ b = c」となりました。この 2 つの式の意味を並べてみると、

- c に対して「かけ算 (× b)」をすると a になる
- a に対して「割り算 (÷ b)」をすると c になる

となります。「かけ算」と「割り算」が互いに「逆」になっていることがわかると思います。

 「割り算は、かけ算の逆演算」という意味がわかりました。どうして学校ではマスオ先生みたいに教えてくれないんですか？

 割り算は、英語でも「division（分割、分配の意味）」といいますし、「物を分配する」場合に便利な計算方法であることに間違いはありません。小学校の現場では、実用的な考え方のほうがより重視されているのかもしれませんね。

 そのおかげで、私のように、小数の割り算で頭が混乱する生徒が生まれてしまっているわけなんですけど……（泣）。

 「割り算は、かけ算の逆演算」というルールは、一見難しそうに見えますが、こちらのほうがより広い範囲に対応できるようになりますよ。

マリのmemo
・本当は、割り算は「物を分ける計算」ではなく「かけ算の逆演算」だった！

【0の割り算】

5

じつは、「2 ÷ 0 = 0」ではない！

 「2 ÷ 0」の計算はできる？

「割り算」の理解をより深めるために、次は「0の割り算」を取り上げたいと思います。
マリさん、「2 ÷ 0」の答えはわかりますか？

えーっと、0かな……？
私、小学校時代も0を含む計算ってよくわからなかったんです……（汗）。

まず、「物を分配する」という古い割り算のルールで「2 ÷ 0」を考えてみましょう。
「2個を0人で同じ数ずつ分けると、1人あたりいくつになるか？」とも言い換えられますね。

「0人で分ける」って、よくわからないです……。

マリさん、そのとおりです。答えは「わからない」でOKなんですよ！
では次に、割り算を「かけ算の逆演算」というルールで考えてみましょう。

「2 ÷ 0 は、逆演算のルールのもとでは、0 × c = 2 となる c は？」と言い換えられます。

 あれっ？　0 にはなにをかけても 0 にしかなりません……。

 はい、0 にはなにをかけても 0 なので、次の答えが導き出せます。

> **2 ÷ 0 の答えは、存在しない。**

 そうか！　0 ではなく、「存在しない」が答えなんですね！

「0 の割り算」の他のパターン

 はい、そういうことになりますね。
では、「0 ÷ 2」の場合はどうでしょうか？
「物を分配する」というルールで「0 ÷ 2」を考えてみると、「0 個を 2 人で同じ数ずつ分けると、1 人あたりいくつになるか？」と言い換えられますね。

 そもそも 0 個なので、何人で分けようが 0 個ですよね。

 そのとおりです、答えは 0 ですね。「かけ算の逆演算」というルールで考えてみると、0 ÷ 2 は、「2 × c = 0 となる c は？」と言い換えられます。

答えを 0 にしなくちゃいけないから、c は 0 ですね。

 正解です。答えは 0 ですね。では、「0 ÷ 0」の場合はどうでしょうか？

 0 個の物を 0 人で分けるなんて、意味がわからない……。

 そうですよね。答えは「わからない」です。
では、「かけ算の逆演算」というルールで考えてみましょう。
0 × c ＝ 0 となる c は、なんでしょうか？

 0 にはなにをかけても 0 なので……。

 そうです、どんな数でも 0 をかけたら 0 になってしまうので、
答えは「すべての数」となります。

 おー！　答えが出た！

 ここまでの話を整理すると、次ページの図のようになります。

	（物を分配する） ルール	（かけ算の逆演算） ルール
0÷2	0	0
2÷0	わからない	存在しない
0÷0	わからない	すべての数

「かけ算の逆演算」というルールのほうが、より多くのケース
に対応できることがわかりましたね。

これからは、割り算の本当のルールは「かけ算の逆演算」で決
まりですね！

ちなみに、上の説明では 0 ÷ 0 はすべての数、と書きましたが、
割り算の結果が 1 つに定まらないのは不便なので、「0 ÷ 0 の
値は決めない（定義しない）」とするのが一般的です。つまり、
先ほどの「割り算の新たなルール」を修正した次のようなルー
ルが使われています。

≪割り算のルール≫

a ÷ b とは、「b をかけると a となる c がちょうど 1 つ
存在するとき」その c のこととする。
(「ちょうど 1 つ存在するとき」でない場合は a ÷ b は
決めない)

 b = 0 の場合は、「b をかけると a となる c」が存在しなかっ
たりすべての数だったりして 1 つに決まらないので、a ÷ 0
は決めないんですね。

 そのとおりです。「物を分ける考え方」はわかりやすい割り算
のルールでしたが、小数の場合をうまく説明できませんでした。
一方「逆演算の考え方」は少し難しいですが、小数の場合や 0
の割り算も 1 つのルールで説明できました。
このように、数学では、「わかりやすいルールでうまく説明で
きない部分に対して、より一般的な新しいルールを決め直すこ
とで、全体をうまく説明できる」ことがあるんです。

マリのmemo
‥‥‥‥‥‥‥‥‥‥‥‥
・「2 ÷ 0」の答えは、0 ではなく、存在しない(定
義されない)!

【分数の足し算】

なぜ、分母はそのままで 分子を足し算するのか？

⚡ 「つまずく人」が続出する、分数の計算

 割り算が理解できたところで、次は「分数」について考えてみましょう。

 げっ！ 分数！ 私、大嫌いだったんですよ～！
分数の計算って、分母を揃えたり、ひっくり返したり……、ややこしくてしょうがないんですよね……。

 分数の計算は、マリさんのように「感覚的にわかりづらい」という人が多いようです。分数 $\dfrac{a}{b}$ のルールは、次のとおりとします。

> **≪分数 $\dfrac{a}{b}$ のルール≫**
>
> $\dfrac{a}{b} = a \div b$

たとえば、$\dfrac{2}{3}$ は $2 \div 3$ のことです。このルールを前提に、「分数の足し算の事実」を証明したいと思います。

えっ！ 分数の足し算は「事実」なんですか？

 そうなんです。「$\frac{a}{b}$ は a ÷ b のことである」というルールに基づく場合、「分母を揃えれば、足し算や引き算ができる」は、事実として証明できます。

🍰 「分数の足し算」がわかりにくい理由

 分数の足し算は、よく「ケーキを等分する」イメージで習うと思います。

 たしか、「5 等分したケーキのうち、1 つ分と 3 つ分を足すと、5 分の 4 になる」というようなイメージですよね？

 そうです。この考え方でも、感覚的に理解はできると思います。図で表してみましょう。

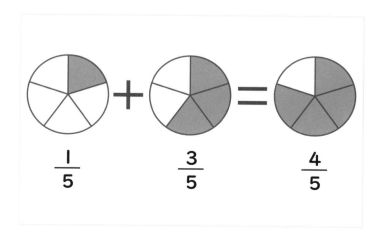

図で見ると、直感的にわかりやすいですね！

このように、「**感覚的にわかるから、この計算でいきましょう**」というあいまいな**ルール**で進めてしまうと、あとで困る場合があるんです。

あいまいなルールだと、なにが問題なんですか？

「0の割り算」を思い出してみてください。
「物を人数で等分する」という曖昧なルールのままで話を進めた結果、「0の割り算」の際にはっきりした答えが出せませんでした。
分数の計算でも、**数学的な根拠を確認することで、自信を持って説明できるようになります。**

たしかに、「0の割り算」のあとだと、あいまいなルールでは落ち着かない感じがしますね……。

数学が好きな人の1つの特徴として、「ルールが明確でないと落ち着かない」という感覚があるんです。

多くの人が「なんとなく」で納得できるようなルールでも、きちんと確認したくなるわけですね（笑）。

「分数の足し算」を証明する

先ほどの「割り算のルール」をしっかり頭に入れておくと、わかりやすいと思います。

「割り算は、かけ算の逆演算」ですね！

はい。では、「分数の足し算」を証明してみます。ここでも、分母は 0 以外の数とします。

《分数の足し算の事実》

$$\frac{q}{p} + \frac{r}{p} = \frac{q+r}{p}$$

を証明する。ただし、p≠0 とする。

すみません……。いきなり、ついていけないです……。

これは、「分数の分母が同じ『p』のときは、分子の q と r をそのまま足し算できる」という式です。
この式の左辺を、先ほどの分数のルール $\frac{a}{b} = a \div b$ を使って、次のように書き直してみましょう。

$$\frac{q}{p} + \frac{r}{p} = (q \div p) + (r \div p)$$

 そのまま割り算の式に直してみるわけですね！

 つまり、分数の足し算というのは、

$$(q \div p) + (r \div p)$$

のように「割り算どうしの足し算」のことだといえるわけです。
ここで、この式に「p」をかけてみます。

$$\{(q \div p) + (r \div p)\} \times p$$
$$= (q \div p) \times p + (r \div p) \times p$$

 ちょ、ちょっと待ってください！　なんで、いきなり「p」を
かけるんですか？

 あとでスッキリします。ここではひとまず我慢して、計算を進
めてみましょう。まず、(q ÷ p) × p の部分です。

えーと、(q ÷ p) は「p をかけたら q になる数」だったから……。

 「p をかけたら q になる数」に p をかけるとどうなりますか？

 えっ、なぞなぞみたいですね……。そうか！ 「q になる」わけですね！

 当たり前といえば当たり前ですが、そのとおりです。
(q ÷ p) × p = q になることがわかりました。
同様に、(r ÷ p) × p = r となることもわかりますね。
つまり、次のような式が成立します。

$$(q ÷ p) × p + (r ÷ p) × p = q + r$$

 「ただの足し算」になった！

 そうですね。今までの結果を整理すると、
「$\frac{q}{p} + \frac{r}{p}$ に p をかけると q + r になった」といえます。では、「p をかけると q + r になる数」を割り算で表すと、どうなりますか？

 ええと、「b をかけると a になる数が a ÷ b」だったから、「p をかけると q + r になる数は (q + r) ÷ p」でしょうか？

64

そのとおりです。

つまり、$\dfrac{q}{p} + \dfrac{r}{p} = (q + r) \div p$ がわかりました。最後に、分数の
ルール $\dfrac{a}{b} = a \div b$ を使って、右辺の割り算 $(q + r) \div p$ を分数
で表すと、「$\dfrac{q}{p} + \dfrac{r}{p} = (q + r) \div p = \dfrac{q + r}{p}$」となります。これで、
「分数の分母が同じときは、分子どうしをそのまま足し算でき
る」ことが証明できました。

《分数の足し算の事実》

$p \neq 0$ のとき、

$$\frac{q}{p} + \frac{r}{p} = \frac{q + r}{p}$$

長い道のりでしたが、見事につながりましたね！

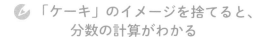

「ケーキ」のイメージを捨てると、
分数の計算がわかる

少し難しかったですが、じっくり見ていくと、本当にスッキリ
理解できますね！

この分数の足し算の証明では、「割り算はかけ算の逆演算」の
ルールがなくては、しっかりと証明できませんでした。

「割り算の真のルール」がわかっていないと、この「分数の足し算」が理解できないわけですね！

じつは、私自身もケーキを分ける説明のほうがわかりやすいと考えていた時期がありました。

えっ！　本当ですか？

しかし、より高いレベルの内容を理解するためには、感覚的な説明だけでは限界がきてしまうんですよね。

でも、やっぱりケーキの説明のほうがわかりやすいような……。

ここまでの話だと、そう感じてしまうかもしれません。
では、分数の他の計算も見てみましょう。

マリのmemo
・「割り算はかけ算の逆演算」「分数 ＝ 割り算」という 2 つのルールに基づいたら、分数の足し算の事実が証明できた。

7 なぜ、分母同士、分子同士をかけ算するのか？

🖋 「ケーキ」のイメージは、いったん忘れる

 分数の足し算の次は「引き算」でしょうか？

 いえ、引き算に関しては「足し算」とまったく同じ要領です。「分数の足し算」の「＋」を「－」に変えれば、同じ証明が成り立ちます。

 では、次はかけ算ですね！

 はい。分数のかけ算は、「分母同士、分子同士をそのままかける」だけなので、計算の方法自体はシンプルです。

 ……でも、「5分の1のケーキに、3分の2のケーキをかける」という状況自体が、もうまったく意味不明で……。

 そうですよね（笑）。もちろん、ケーキのイメージを持っておくことは、ザックリした理解をする上では非常に有効だと思います。ただ、かけ算から先にいくために、もう一歩進んで、深い理解に挑戦してみましょう。

 わかりました！　お願いします！

「逆演算」で、分数のかけ算を証明する

 では、「分数 ＝ 割り算 ＝ かけ算の逆演算」という考え方で、分数のかけ算を見直してみましょう。

$$\frac{a}{b} \times \frac{c}{d}$$

「分数は割り算を書き換えた形」のルールを使うと、次のように直せます。

$$\frac{a}{b} \times \frac{c}{d} = (a \div b) \times (c \div d)$$

 ここまでは、前回の足し算と同じ考え方ですね！

 ここで、「割り算はかけ算の逆演算」を思い出してみてください。「a ÷ b とは、b をかけると a になる数」のことです。

 足し算でも登場した考え方ですね！

 はい。先ほどの証明でも登場しましたが、「b をかけると a になる数に、b をかける」と、どうなりますか？

 なぞなぞみたいですが、「a になる」わけですよね？

はい、正解です！　c÷d についても同じように考えると、次の式が成り立つことがわかります。

$$\{(a \div b) \times b\} \times \{(c \div d) \times d\} \quad \leftarrow それぞれ a と c になる$$
$$= a \times c$$

 つまり、先ほどのかけ算 (a÷b)×(c÷d) に「b と d をかける」と、答えが「a×c」になる、ということですか？

 マリさん、よくわかりましたね！　式にすると、次のような形になります。

$$(a \div b) \times (c \div d) \times b \times d = a \times c$$

ここで、割り算をもう一度分数の式に直します。

$$\frac{a}{b} \times \frac{c}{d} \times b \times d = a \times c$$

 それぞれの分母の数をかけると、分子同士だけのかけ算になるわけですね！

上の式は「$\dfrac{a}{b} \times \dfrac{c}{d}$ に b × d をかけると a × c になる」こと を表しています。そして、「b × d をかけると a × c になる数」 は (a × c) ÷ (b × d) のことですよね。

 なるほど。ということは次のようになるんでしょうか？

$$\dfrac{a}{b} \times \dfrac{c}{d} = (a \times c) \div (b \times d)$$

 そのとおりです。最後に右辺の割り算を分数に直すと、このよ うになりました。

$$\dfrac{a}{b} \times \dfrac{c}{d} = \dfrac{a \times c}{b \times d}$$

 たとえば、次のような感じですね。

$$\dfrac{1}{5} \times \dfrac{2}{3} = \dfrac{1 \times 2}{5 \times 3}$$

分数のかけ算が「分母同士、分子同士のかけ算」で計算できる ことがわかりました！

 はい。これで、「分数のかけ算は、分母同士、分子同士をかけ たものと等しい」という事実が証明できました。

《分数のかけ算の事実》

$$\frac{a}{b} \times \frac{c}{d} = \frac{a \times c}{b \times d}$$

わかりにくい分数も、数式だけで理解できる

「5分の1に、3分の2をかける」という概念がわかりにくかったのですが、数式を使うと、たしかに分母同士、分子同士のかけ算になることが納得できました。

ケーキのイメージは、こうした分数の計算を特定の場合にわかりやすくするために使われていただけなんです。

でも、そのイメージが分数の"本当"の理解を邪魔していたということなんですね……。

マリのmemo

・「割り算はかけ算の逆演算」「分数＝割り算」という2つのルールに基づいたら、分数のかけ算の事実が証明できた。

・"本当"の理解のために、ケーキのイメージを忘れる！

【通分】

8 なぜ、分母と分子に同じ数をかけてもよいのか？

分数計算のもう1つの難所「分母が違う分数の足し算」

 「分数のかけ算」の次は、「分母が違う分数の足し算」のお話をしたいと思います。

 「3分の1のケーキと、2分の1のケーキを足すと、どうなりますか？」っていうやつですよね？　そんなの計算できるわけないです（笑）！

 マリさんは、ケーキのイメージが好きですね（笑）。

 はい……。
私のような文系人間には「分数 = ケーキ」というイメージが、条件反射的に浮かんじゃうんですよ！

 ケーキの理解でいえば、小学校時代、「ケーキをいったん6等分して、そのうちの2と、そのうちの3を足す」という感じで習ったのではないでしょうか？

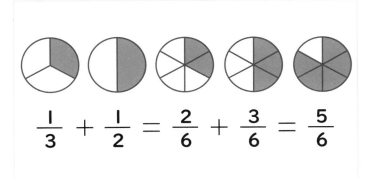

$$\frac{1}{3} + \frac{1}{2} = \frac{1 \times 2}{3 \times 2} + \frac{1 \times 3}{2 \times 3} = \frac{2}{6} + \frac{3}{6} = \frac{5}{6}$$

 そうそう！　これです！
いったん、分母と分子に同じ数をかけて、分子同士を足し算するっていう……。

 一応、これでも"感覚的"には理解できると思います。

 このイメージはなんとなくわかるんですが、「分母と分子に同じ数をかけて、どうして数が変わらないの？」と悩んだ記憶があるんですよね……。

じつはこれ、先ほどの「分数のかけ算」で少し触れた内容でもあります。

きちんと証明して確認してみましょう。

「通分の事実」を証明する

 「分母と分子に同じ数をかけて、どうして数が変わらないのか？」を証明するんですよね？

 はい、以下の通分の事実を証明します。

《通分の事実》

$$\frac{a}{b} = \frac{a \times c}{b \times c}$$

 なるほど。

$\frac{a}{b}$ という分数と、分母と分子に同じ数 c をかけた数 $\frac{a \times c}{b \times c}$ で、値が変わらないことを証明するんですよね？

 そのとおりです。

まずは、分数のかけ算の事実を思い出してみましょう。

74

《分数のかけ算の事実》

$$\frac{a}{b} \times \frac{c}{d} = \frac{a \times c}{b \times d}$$

マリさん、この式で c＝d としてみてください。

 えーっと、こんな感じでしょうか？

$$\frac{a}{b} \times \frac{c}{c} = \frac{a \times c}{b \times c}$$

 合っていますよ。
では、「$\frac{c}{c}$」はいくつでしょうか？

 分数は割り算に直せるので、「$\frac{c}{c}$」は「c÷c」と考えれば、
c をかけると c になる数なので、答えは「1」ですね！

 そのとおりです！
まとめると、次のようになります。

$$\frac{a \times c}{b \times c} = \frac{a}{b} \times \frac{c}{c} = \frac{a}{b} \times 1 = \frac{a}{b}$$

なるほど、通分の事実が証明できましたね。
「割り算」と「分数」がつながっているとわかれば、すんなり
理解できます！

 通分は「分数のかけ算」でc＝dとした特殊な場合と考える
ことができました。
このように、数学では「一般的な重要な事実（たとえば、分数
のかけ算の事実）」から、「別の事実（たとえば、通分の事実）」
を導くことができる場合が多いです。

マリのmemo

・「通分の事実」は「分数のかけ算の事実」からすぐ
  に導ける。
・数学では「一般的な重要な事実」から、「別の事実」
  を導くことができる場合が多い。

【分数の割り算】

9 なぜ、分母と分子をひっくり返してかけ算するのか？

✏ 小学校算数の最難関「分数の割り算」

「分数のかけ算」についてお話ししたので、いよいよ「分数の割り算」の話をしたいと思います。

やっぱりケーキで考えるとわからなくなるんですよね……。「3分の1のケーキを、さらに2分の1で割る」……、これがどういうことなのか教えてください！

ケーキのイメージを忘れないと、この計算も正しく理解するのは難しいと思います。

そうなんですね……。
ケーキを使わなくてもいいので、分数の割り算のやり方とその理由を知りたいです！

分数の割り算のやり方としては、「分母と分子をひっくり返してかけ算をする」というやり方を教わりますよね。
たとえば、次のとおりです。

$$\frac{2}{3} \div \frac{4}{9} = \frac{2}{3} \times \frac{9}{4} = \frac{2 \times 9}{3 \times 4} = \frac{18}{12} = \frac{3}{2}$$

つまり、

$$\frac{a}{b} \div \frac{c}{d} = \frac{a}{b} \times \frac{d}{c}$$

(ただし、b,c,d ≠ 0)

 そうそう！　もう覚えるしかないんでしょうけど、片方の分母と分子をひっくり返してかけ算するんですよね。

 この計算を「ケーキ」を使って説明するのは難しいと思います。やはり、「分数 = 割り算」「割り算はかけ算の逆演算」という2つのルールをベースに考えていく必要があります。

 「分数の割り算」は、小学校算数のトラウマの1つです……。マスオ先生、ズバッと解説をお願いします！

「分数の割り算」を証明する

 ではさっそく、分数の割り算の事実、$\frac{a}{b} \div \frac{c}{d} = \frac{a}{b} \times \frac{d}{c}$ を証明しましょう。

今回も、分数を割り算に直していくわけですよね？

 そうですね。ただ、今回は少し特殊です。
いきなりですが、次の式を計算してみます。

$$\left(\frac{a}{b} \times \frac{d}{c}\right) \times \frac{c}{d}$$

 え！　なんでこんな式が突然出てくるんですか？

 あとで説明します。いったん、我慢して計算してみてください。

 分数のかけ算で習ったことを使うと、

$$\left(\frac{a}{b} \times \frac{d}{c}\right) \times \frac{c}{d} = \frac{a}{b} \times \left(\frac{d}{c} \times \frac{c}{d}\right)$$
$$= \frac{a}{b} \times \left(\frac{d \times c}{c \times d}\right) = \frac{a}{b} \times 1 = \frac{a}{b}$$

となります。

そのとおり、$\left(\dfrac{a}{b} \times \dfrac{d}{c}\right) \times \dfrac{c}{d} = \dfrac{a}{b}$ ですね。つまり、$\left(\dfrac{a}{b} \times \dfrac{d}{c}\right)$ は「$\dfrac{c}{d}$ 倍すると $\dfrac{a}{b}$ になる数」です。

一方、「B をかけると A になる数」が A ÷ B だったので
「$\dfrac{c}{d}$ 倍すると $\dfrac{a}{b}$ になる数」は $\dfrac{a}{b} \div \dfrac{c}{d}$ とも表せます。

あれ！　ということは、

> $\dfrac{a}{b} \div \dfrac{c}{d}$ は「$\dfrac{c}{d}$ 倍すると $\dfrac{a}{b}$ になる数」
>
> $\left(\dfrac{a}{b} \times \dfrac{d}{c}\right)$ も「$\dfrac{c}{d}$ 倍すると $\dfrac{a}{b}$ になる数」

ですよね？

そのとおりです。「$\dfrac{a}{b} \div \dfrac{c}{d}$」と「$\dfrac{a}{b} \times \dfrac{d}{c}$」は「同じ数」になることがわかります。よって、

$$\dfrac{a}{b} \div \dfrac{c}{d} = \dfrac{a}{b} \times \dfrac{d}{c}$$

ということがわかりました。

これにて、「分数の割り算は、片方の分母と分子をひっくり返してかけ算すればよい」ことが証明できました。

$\dfrac{a}{b} \div \dfrac{c}{d} = \dfrac{a}{b} \times \dfrac{d}{c}$ が成り立つ理由がよくわかりました！
でも、なんで突然、$\left(\dfrac{a}{b} \times \dfrac{d}{c}\right) \times \dfrac{c}{d}$ を計算したんでしょうか？

 理由は、「その計算をすると、最終的に証明がうまくいく」からです。

 「証明がうまくいく」から、いきなり謎の計算をした？？

 はい。数学の難しい証明を読んでいると、「いきなり謎の計算が始まって、なぜか最終的にうまくいく」「証明自体は理解できるけど、なんでそんな謎の計算をしようと思いつくんだ？？」ということがよくあります。これを「天下り的」といったりします。

 そうなんですね……。
でも、「最終的にはうまくいく謎の計算」って、どうやって思いつくんでしょうか？

 「数学のセンスがある天才が、数式を睨んでいるうちにひらめいた」とでもいいましょうか。

 天才のひらめき!?

「その証明をどうやって思いついたのか？」を考えることは非常に大事で、謎の計算にたどりついた思考過程をわかりやすく説明できる場合もあります。
しかし、「天才のひらめき」をわかりやすく説明することは、私にもできない場合があります。

マスオ先生ができないなら、私なんて絶対にできっこないじゃないですか……（泣）。

ちなみに、今回は「天下り的な証明」という考え方を知ってもらうために少し大げさな話をしましたが、この証明については、$\left(\frac{a}{b} \times \frac{d}{c}\right) \times \frac{c}{d}$ が $\frac{a}{b}$ に等しいことを示せば証明できることがすぐにわかる人もいると思うので、「天才のひらめき」とまではいえないかもしれませんね。

⚡ 「割り算の真のルール」で、分数がよくわかる

ここまでで、分数の計算については終了です。
マリさん、いかがでしたか？

「ケーキを分割する」という考え方を捨てることで、分数の計算の本当の姿がくっきりと見えるようになりました！

「ケーキを分割する」という考え方は、ザックリとした理解をする上では非常に有効です。
しかし、話がかけ算や割り算になると、このように証明して確

認してみないと、しっかり理解するのが難しいと思います。

今まで、割り算の計算は、頭では理解していないけど、ルールとして覚えて使っていました。
でも、マスオ先生の証明で、これがルールではなく、事実に基づいた計算方法だということがわかりました。どうして、小学校でこういうふうに習わないんでしょうか……？

ケーキの説明は、とっつきやすいですし、説明も簡単なんです。だから、一般の算数の本では、この感覚的な部分の説明をして、あとは暗記でなんとかしようとしてしまうんですよね。

私も、この割り算の部分がわからなくて、小学校でも思い切りつまずいちゃったんです。

ケーキの話はわかりやすいと思いますが、「割り算 ＝ 分配」や「分数 ＝ ケーキ」という固定観念に囚われてしまうと、どうしても先に進めなくなるときがやってきます。

そもそも「割り算 ＝ 分配」という固定観念があるから、「分数＝ ケーキを分ける」という固定観念が登場しちゃうんですよね。

そうですね。前提として存在していた割り算のルールを「割り算 ＝ かけ算の逆演算」だと見直すことで、分数の本質が見えてきたわけです。

こうして「割り算」から「分数」まで見てみると、算数のイメージがガラリと変わりますね……。

 ケーキのようなイメージで捉えること自体は大切だと思います。しかし、「イメージが絶対的に正しい」と思うのは危険です。「ケーキのイメージを持ちつつ、数式でもしっかりと理解できる人」が、本当の意味で数学に強い人だと思います。

 やっぱり、イメージも数式も、どちらも大切なんですね！

マリのmemo

・数学において「大雑把に全体を理解する」ために
　イメージは大切。

・数学において「細かい部分まできちんと理解する」
　ために数式も大切。

【小数のかけ算】

10 なぜ、整数のかけ算をしてから小数点をずらすのか？

「小数点をずらす」小数計算の謎

 マスオ先生、そういえば、小数の計算って、分数とは違うものなんですか？
小数同士の計算って、小数点の打ち所がわからなくて、よく間違えた記憶があるんです……。

 小数のかけ算は、「整数のかけ算をしてから小数点をずらす」ことで計算できます。もう少し正確にいうと、以下のようになります。

> ≪小数のかけ算の事実≫
>
> 小数のかけ算は、以下の手順で計算できる。
> 「小数点を無視した整数」のかけ算をして
> 「小数点より右側にある数字の個数」だけ小数点を左側にずらす。

 たとえば、2.3 × 0.6 の場合、どうなるんですか？ 「2.3 を 0.6 倍する」って、そもそもイメージが難しいんですよね……。

小数のかけ算の事実を使って 2.3 × 0.6 を計算してみます。

1.「小数点を無視した整数」のかけ算をする

まず、2.3 × 0.6 の小数点を無視すると、23 × 6 です。これを計算すると、138 になります。このとき、整数 138 には小数点はありませんが、138 と 138.0 は等しいことに注意します。

2.「小数点より右側にある数字の個数」だけ小数点を左側にずらす

2.3 と 0.6 において、小数点より右側にある数字は「2.3 の 3」と「0.6 の 6」の 2 つです。よって 1 で計算した「138.0」に対して、小数点を左側に 2 つずらすと、「1.38」となります。

 小数のかけ算、思い出してきました！　でも、なんで「整数のかけ算をしてから小数点をずらす」ことで小数のかけ算ができるんですか？

「整数のかけ算をしてから小数点をずらすことで、小数のかけ算ができる」のは、証明できる事実です。この証明をするために、まずは、小数のルールから話を始めましょう。

小数とはどういう数なのか？

 小数のルールというと、1 の 10 分の 1 が 0.1、という感じですよね？

 そのとおりです。もう少しきちんと書くと、次のようになります。

《小数のルール》

小数は、$\frac{1}{10}$ や $\frac{1}{100}$ という分数を使って、
次のように表される数のこと。

$$1.23 = 1 + 2 \times \frac{1}{10} + 3 \times \frac{1}{100}$$

$$12.3 = 1 \times 10 + 2 + 3 \times \frac{1}{10}$$

$$4.56 = 4 + 5 \times \frac{1}{10} + 6 \times \frac{1}{100}$$

 ルールの中に具体的な数字が入るんですね。

 本来、小数点以下がnケタの場合は、$a \times \frac{1}{10^n}$ のような数を使って表したりするのですが……。

 あっ、すみません……。理解するのが難しくなりそうなので、このまま続けてください！

 ここは簡単に上記の説明だけに留めておきましょう。次に、小数における「× 10」と「× $\frac{1}{10}$」について見ていきます。

小数における「× 10」と「× $\frac{1}{10}$」

 まず「10 倍することは、小数点を右に 1 つずらす」ことに対応します。

 1.23 × 10 = 12.3、2.3 × 10 = 23、0.4 × 10 = 4 という感じでしょうか？

 そのとおりです。一応先ほどの小数のルールを使って理由を説明しておくと、

$$1.23 \times 10 = \left(1 + 2 \times \frac{1}{10} + 3 \times \frac{1}{100}\right) \times 10$$
$$= 1 \times 10 + 2 \times \frac{1}{10} \times 10 + 3 \times \frac{1}{100} \times 10$$
$$= 1 \times 10 + 2 + 3 \times \frac{1}{10}$$
$$= 12.3$$

のように「10 倍すると、各ケタの値は変わらずに、$\frac{1}{10}$ などの部分が 10 倍される」ので、小数点が右に 1 つずれるんですね。

 「10 倍 = 小数点を右に 1 つずらす」はわかりました。

 同じように考えると「$\frac{1}{10}$ 倍すること」は「小数点を左に 1 つずらすこと」に対応するのがわかります。

小数のかけ算を証明する

では、いよいよ「小数のかけ算の事実」を証明します。先ほど使った 2.3 × 0.6 という具体例で説明します。

$$2.3 \times 0.6$$

 「23 × 6 = 138 と計算してから、小数点を 2 個ずらして 1.38」が答えになる」という計算の理由がわかるんですね！

 そのとおりです。まず、

$$2.3 = 23 \times \frac{1}{10}$$

$$0.6 = 6 \times \frac{1}{10}$$

と書くことができます。

 「$\frac{1}{10}$ 倍すること」は「小数点を左に 1 つずらすこと」に対応するからですね！

したがって、次のように計算できます。

$$2.3 \times 0.6 = \left(23 \times \frac{1}{10}\right) \times \left(6 \times \frac{1}{10}\right)$$
$$= \left(23 \times 6\right) \times \frac{1}{10} \times \frac{1}{10}$$

整数のかけ算である (23×6) と「$\times \frac{1}{10}$」2つに分かれました。

そのとおりです。「$\frac{1}{10}$ 倍する $=$ 小数点を左に1つずらす」だったので……。

「整数のかけ算 (23×6) を計算してから小数点を左に2つずらす」ことで 2.3×0.6 が計算できたんですね！

そのとおりです。
小数のかけ算は、このように「整数のかけ算」と「いくつかの $\times \frac{1}{10}$（小数点を左にずらすことに対応）」に分けることができます。

他の数だと、どうなるんですか？

たとえば、次の式でやってみましょう。

$$1.23 \times 4.56 = \left(123 \times \frac{1}{10} \times \frac{1}{10}\right) \times \left(456 \times \frac{1}{10} \times \frac{1}{10}\right)$$

$$= \left(123 \times 456\right) \times \frac{1}{10} \times \frac{1}{10} \times \frac{1}{10} \times \frac{1}{10}$$

 (123 × 456) という整数のかけ算と、$\times \frac{1}{10}$ （小数点を左にずらす）が4つ出てきました！

 ちなみに、123 × 456 の計算は大変ですが56088になるので、上の計算の答えは 5.6088 です。

 小数のかけ算をするときに「整数のかけ算をしてから小数点をずらす」理由がよくわかりました！　小数のかけ算を理解するときにも、分数の計算が登場しましたね。

 分数のかけ算は、様々な計算を理解する上で重要な役割をはたしています。

 分数のかけ算の事実を理解できれば、それをもとに、分数の割り算や通分、小数のかけ算がすべてすんなりと理解できますね。

マリのmemo

・小数のかけ算が「小数点をずらす」ことで計算できる理由を証明できた。

・「小数のかけ算」の証明に、「分数のかけ算」が登場した。

なぜ、0 〜 4 は切り捨てて、5〜9は切り上げるのか？

💡 「5」から切り上げる謎

ここまで、四則演算や分数など、計算の公式についてお話ししてきました。計算について、マリさんが気になる単元は他にありますか？

なんで、四捨五入は「5」から切り上げるのか、納得いかないんですよね……。

なるほど、四捨五入ですか。

24 は四捨五入すると 20 なのに、なぜ 25 から突然アラサーに仲間入りしてしまうのかな、と……。

マリさんの年齢については触れないでおきます（笑）。
「四捨五入」自体は、たしかに面白いテーマですね！

意外と深い内容なんですか？

四捨五入とは、次の「ルール」のことを指します。

≪四捨五入のルール≫

ある数の特定のケタが、0,1,2,3,4 なら切り捨てて、5,6,7,8,9 なら切り上げる。

四捨五入は、たとえば大きなケタの概数（おおよその数）を把握したいときに使うためのものですね。「5 以上を切り上げる」というのはルールなので、絶対的な理由はありません。

では、なんで「5 以上」が切り上げというルールになったのか、一緒に探ってみましょう。

はい！　お願いします！

「5 から切り上げる」のは当然ではない

たとえば、12000 と 13000 の間の整数を、100 の位で四捨五入する場合を考えてみます。

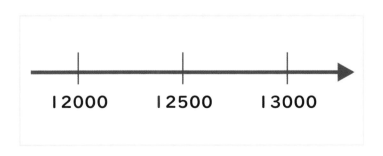

この場合、12500 から「約 13000」と切り上がるわけですよね?

 そのとおりです。もう少し詳しくいうと、次のようになります。

> ・「12000 〜 12499」は「約 12000」と切り捨て
> ・「12500 〜 13000」は「約 13000」と切り上げ

 はい、ここまではわかります!

 ただ「一番近い 1000 の倍数はなにか?」という視点で見直してみると、不思議なことがわかります。

> ・12000 〜 12499 に 一 番 近 い 1000 の 倍 数 は
>   12000
> ・12501 〜 13000 に 一 番 近 い 1000 の 倍 数 は
>   13000
> そして、
> ・12500 に 一 番 近 い 1000 の 倍 数 は、12000 と
>   13000

 12500 は、12000 と 13000 のちょうど中間ですね!

 そのとおりです。12500 は中間にある数なので、「一番近い 1000 の倍数」は、12000 と 13000 のどちらも該当します。つまり、「12500 を切り上げる」ことは、「一番近い 1000

の倍数」では説明できないということなんです。

じゃあ、「12500 は切り捨てる」というルール変更も可能性としてはあり得るわけですか？

そうですね。「一番近い 1000 の倍数」という観点では、「100 の位以降の数字が 500 以下なら切り捨てて、501 以上なら切り上げる」というルールにしても、現状の四捨五入のルールと同じくらい合理的だといえます。

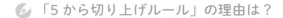
⚡ 「5 から切り上げルール」の理由は？

12500 は、12000 側にしてもいいし、13000 側にしてもいい、ということですよね。結局、好みの話なんですか？

「一番近い 1000 の倍数」では説明できませんでしたが、もう 1 つ別の理由で説明できます。
「5 を切り上げる」合理的な理由としては、「切り捨て・切り上げの計算が少し楽になる」ということが挙げられます。

5 を切り捨てても、切り上げても、どちらもそんなに変わらない気がしますが……。

では、実際に両方のルールをそれぞれ使って考えてみましょう。
12000 〜 13000 の間の数を、100 の位の数で切り上げ・切り捨てをする場合、次のような判断方法になります。

【500 を切り捨てるルールの場合】
〈判断方法〉
・100 の位以降の数が 500 以下なら切り捨てる
・100 の位以降の数が 501 以上なら切り上げる

【500 を切り上げるルールの場合】
〈判断方法〉
・100 の位の数が 0 〜 4 なら切り捨てる
・100 の位の数が 5 〜 9 なら切り上げる

このように、判断方法に違いが生まれます。「500 を切り捨てるルール」では 100 の位以降をすべて見る必要がありますが、「500 を切り上げるルール」では 100 の位のみを見るだけで判断できます。

 なるほど！ 125 □□という数字のとき、「500 を切り捨てるルール」では□□の数字を調べないと切り捨てか切り上げかわからないですが、「500 を切り上げるルール」では、□□を調べなくても切り上げだとわかりますね。

 最後に、四捨五入のルールの理由をまとめましょう。

> ≪四捨五入のルールの理由≫
>
> ・四捨五入は、基本的には「一番近いキリのよい数字」で表すための手法。
> ・ただし、切り上げか切り捨てかを素早く判断できるようにしたいため、基準となる数の中間にある数は切り上げることにする。

 やっぱり、25歳は「約30歳」になっちゃうんですね（泣）。

 ちなみに消費税の計算の場合、5円の物に10％の消費税がかかると5.5円です。四捨五入すると6円となり、実際には20％も消費税を払うことになります。ちょっと損した気分になりますよね。

 本当だー！　ヒドイ！　今まで気付かなかったけど（汗）。

 このように、四捨五入は日常生活でよく使われるので、小学校という早い段階で教えられているのだと思います。

マリのmemo

・四捨五入のルールは、「一番近いキリのよい数字で表したい」という理由だけでは説明できない。
・「5を切り上げる」合理的な理由は、切り捨て・切り上げの計算が少し楽になるから。

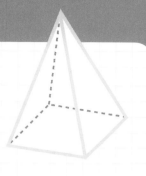

$S \times h \div 3$

第 2 章

じつは、
定義が曖昧だった？
「図形」の公式

$3.14159265535\cdots$

$180 \times (n-2)°$

【円1周分の角度】

12 なぜ、円1周分の 角度は 360° なのか？

「図形の公式」について考える

 ここからは「図形の公式」を取り上げたいと思います。

 図形か……。

図形も、私はいい思い出がないんですよね〜（汗）。

図形って、覚える公式だらけじゃないですか……。

 たしかに、図形には覚えなくてはいけない公式がたくさんありますね。

ただ、ルールと事実をしっかりおさえれば、小学校時代より頭がスッキリ整理されるので、きっと簡単に理解できるようになるはずですよ。

 本当ですか!?

マスオ先生のおかげで数式も理解できてきたので、図形もよろしくお願いします！

そもそも「角度」とは？

 まずは、円1周分の角度から見ていきましょう。マリさん、円1周分の角度は何度か覚えていますか？

100

はい、それくらいはさすがに覚えています！ 360°ですよね？

 そのとおりです。
円 1 周分の角度のルールは、次のとおりです。

《円1周分の角度のルール》

・円1周分の角度は360°とする。

360°

 あれっ？
360°という数字は、ルールではなくて事実じゃないんですか？

 360°という数字は、ルールですね。360°にしておくと、いろいろと便利なので現在でも広く使われています。

 えーーっ！ 360°というのも、「便利だから」という理由だったんだ！

理由をいろいろと説明することはできますが、誰もが納得する理由というのはありませんね。

 じゃあ、360°という数字も、この先、350°とか370°とかに変更される可能性があるってことですか？

 350°や370°になる可能性はすごく低いと思いますが、あくまでルールなので、「他の数字に変わることはない」とは言い切れないですね。

 まさか、360°が変更される可能性のある数字だとは思いませんでした（汗）。

 理由を1つ挙げるとすれば、「360という数字は、約数が多いから」といえます。
1ケタの数の場合、1,2,3,4,5,6,8,9 と、7以外はすべて360を割り切ることができますよね？

 約数が多いと、なにが嬉しいんですか？

 約数が少ない数だと、円を分割するような場合に、角度の計算が面倒になってしまいます。
たとえば、円1周分の角度がもし350°だったら、ケーキを3等分したときの1つの中心角が
350 ÷ 3 = 116.66…
のような数字になってしまいます。

なるほど〜！　円1周分が360°というルールのおかげで、ケーキ1つ分の中心角が、360 ÷ 3 = 120°というきれいな整数になるんですね。

円1周分の角度のルールをもとに考えると、半周分の角度は180°という事実が導き出されます。

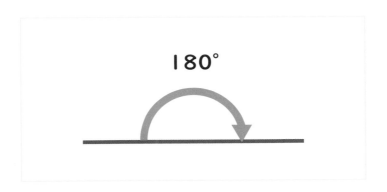

マリのmemo
・「円1周分の角度は360°」というのはルール。
・「360」という数字は約数が多いので、円を分割したときの角度がきれいな整数になりやすい。

【多角形の内角の和】

13 なぜ、「180 × （n-2）°」なのか？

💫 角度のルールと事実

 1周分と半周分の角度についてお話ししたので、次は「三角形の内角」についてです。

 え〜っと、そもそも「内角」がわからないです……。野球用語でしたっけ？

 図形の話です（笑）。内角とは、図形の頂点にある内側の角度のことです。対して、外側の角度のことを外角といいます。

それでは、次に、「多角形の内角の和」について考えてみます。まずは、三角形について考えてみます。

 なんで、三角形を考えるんですか？

 四角形や五角形の内角の和は、三角形の内角の和の事実をもとに導けるためです。

 三角形を基点にして考えるんですね。

 そうですね。先に結論をいうと、三角形の内角の和は、180°になります。

> ≪三角形の内角の事実≫
>
> 三角形の内角の和は180°。

 「半周分の角度」と「三角形の内角の和」は、どちらも180°で同じなんですね！

 はい。三角形の内角の和が180°であることの証明には、「平行線の錯角」を使います。

≪平行線における錯角の事実≫

平行線に交わる直線で生じる錯角は等しい。

 「錯角」ってなんでしたっけ？

 図のような関係にある 2 つの角度のことです。

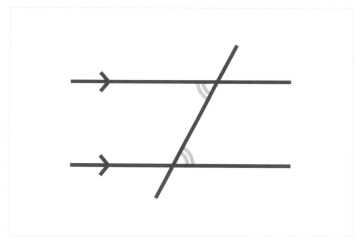

もう少しきちんというと、平面上にある 2 本の直線が「平行」
とは、2 本の直線が、どんなに延長しても交わらないことをい
います。

また、「錯角」とは、2 直線に他の 1 本の直線が交わってでき
る角のうち「斜めに位置する角のペア」のことです。

普通の会話でも「議論が平行線で終わる」という感じで使いますよね。時間をかけてもわかり合えない、みたいな。

 たしかに、「どんなに延長しても交わらない」と「時間をかけてもわかり合えない」はなんとなく似ていますね。

ちなみに、平行線の錯角が等しいことの説明は複雑になってしまうので、ここでは錯角が等しいことは「事実」として認めてしまいます。気になる人は調べてみてください。

🔵 「三角形の内角の和」を証明する

 ここからは、「平行線における錯角の事実」を使って、三角形の内角の和が $180°$ になることを証明します。三角形の一辺に平行な直線 L を、三角形の頂点を通るように引きます。

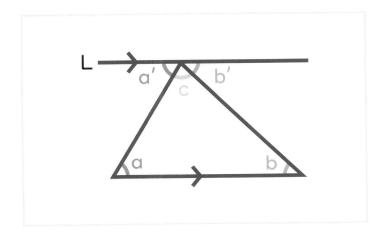

先ほどの「平行線における錯角は等しい」を使うと、平行線で生じた∠a' と内角∠a、∠b' と内角∠b は、それぞれ錯角になっていることがわかります。

 ということは、∠a' と∠a、∠b' と∠b は、それぞれ等しいということですね！

 まさしくそのとおりです。
a' とa、b' とb が、それぞれ等しいということは、a、c、b を合わせて半周分になっていることがわかります。
つまり、三角形の内角a、b、c をすべて足すと、半周分つまり 180°となることがわかります。

 計算の話とは違って、直感的でわかりやすいですね！

 図形の中でも、「形」に関する部分は、直感的な部分が多く、わかりやすいかもしれませんね。
次に、四角形の内角についても見ていきましょう。

 「四角形の内角の和」を証明する

 四角形はどうやって考えるんですか？

 四角形の場合は、次の 2 つの証明方法があります。

> ①対角線で 2 つの三角形に分割する方法
> ②中心に点を打ち、4 つの三角形に分割する方法

 2 種類あるんですか！

 はい。まずは、直感的にわかりやすい①の方法から説明します。次の図を見てください。四角形に対角線を引くと、2 つの三角形に分割できます。

三角形の内角の和が 180°だったので、2 つ合わせた四角形の内角の和は 360°になるといえます。

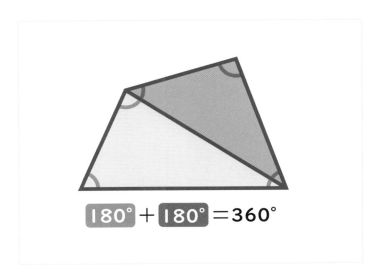

なるほど！

 では次に、②の「中心に点を打つ方法」で証明してみます。四角形の真ん中に点を打ち、そこから4つの頂点にそれぞれ線を引いて4つの三角形をつくります。

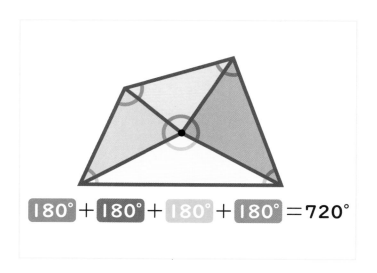

$$180° + 180° + 180° + 180° = 720°$$

 今度は4つの三角形なんですね。

 三角形の内角の和は180°なので、4つの三角形の内角の和は、$180 \times 4 = 720°$ になります。

720°というのが想像つかないですが、たしかに、数字上はそうなりますよね。

 そこで、先ほど打った点に注目します。この点の周囲には、4つの三角形の頂点がありますが、この頂点の角度を全部足すと一周分になります。
つまり、**この4つの角度の合計は 360°** ということがわかります。

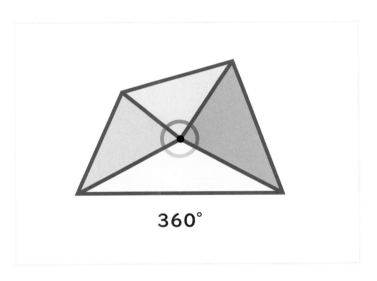

360°

 ちょうど、真ん中の点を中心に円が書けていますね。

また、4つの三角形の「真ん中以外」の部分が、もともとの四角形の内角となっていることもわかりますよね。

 えーっと、真ん中以外の部分……。たしかに、真ん中の点に接する角以外は、すべてもとの四角形の内角ですね。

 したがって、この四角形の内角は、4つの三角形の内角の和から真ん中部分を引くことで求められます。つまり、次のように計算できます。

$$180 \times 4 - 360$$

（4つの三角形の内角の和）（真ん中部分）

$$= 720 - 360$$

$$= 360°$$

 三角形の個数を数え、そこから 360° を引くことで内角の和がわかるんですね！　四角形以外でも同じことができそうです。

🖋 様々な問題が解けるようになる「一般化」の威力

 内角の和の求め方を 2 つ教えていただいたんですが、①の説明のほうがわかりやすい気がしたんですよね。なぜ、①だけじゃダメなんですか？

証明方法というのは、いろいろなやり方があって、人それぞれ
しっくりくる説明が違うことがあります。
個人的には②の証明方法が、多角形を扱う際に①より美しいと
感じるんですよね（笑）。

 どういうことですか？

 まず、頂点が n 個ある多角形を「n 角形」とします。
先ほどの②のように、中心付近に点を打って、すべての頂点を
線で結ぶと、頂点と同数の n 個の三角形ができます。
そこで、先ほどと同様に、中心の余分な角度の和である 360°
を引き、多角形の角度を求めると、次のような式になります。

> 180 × n − 360
> = 180 × n − 180 × 2
> = 180 × (n − 2)°

つまり、次のような事実が導き出せるのです。

≪多角形の内角の和の事実≫

n 角形の内角の和 = 180 × (n − 2)°

四角形以外でも、この式を使えば内角の和が求められるということですか？

 そのとおりです。このように、1つの式でいろいろな問題を解決する方法を導き出すことを「一般化」といいます。

 ①の方法では、一般化した式を導き出せないんですか？

 もちろん、多角形の1つの頂点から対角線を引くと「n − 2個」の三角形ができるので同じ公式を導き出すことは可能です。
ただ、②のほうが対称で美しいかなと思いますね……。

 対称で美しい？

 ①を一般化した方法では「1つの頂点を特別扱いしている」一方で、②を一般化した方法では「どの頂点も対等な関係にあって対称」だと感じます。あくまで好みの問題ですが。

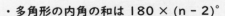

マリのmemo

・多角形の内角の和は 180 × (n − 2)°
・同じ事実を複数の方法で証明できることがある。

【図形の合同】

14 なぜ、3辺の長さがそれぞれ等しい2つの三角形は合同なのか？

「合同」とは？

 次は、三角形の「合同」について考えてみましょう。

 ゴウドウってなんでしたっけ……？

 合同のルールは、次のとおりです。

> ≪合同のルール≫
>
> 合同とは、ある図形を回転させたり裏返したり、移動させたりすることで、もう1つの図形とピッタリと重なること。

 「向きが違うかもしれないけど、じつは、同じ形の図形だった」という感じでしょうか？

 ニュアンスとしては、おおむね合っています。

「三角形の合同条件」を証明する

では次に、三角形の合同条件について考えます。三角形の合同条件の 1 つに、「3 辺の長さがそれぞれ等しい 2 つの三角形は合同である」があります。

 たとえば「3 辺の長さが 5cm, 6cm, 7cm」である 2 つの三角形があると、ピッタリ重なるということですよね？

 そのとおりです。三角形の合同条件ということが多いですが、これは立派な事実です。

 事実ということは、証明できるということでしょうか？

 はい。高校数学で習う「余弦定理」を使うとスッキリ説明できますが、算数の範囲でも直感的にわかる説明ができます。

 直感的にわかるほうがいいです！　お願いします！

 「3 辺の長さが 5cm, 6cm, 7cm」である 2 つの三角形が、必ずピッタリ重なることを説明します。

右の図を見てください。この三角形のうち、一番長い辺 AB に注目します。この場合、長さが 7cm です。そこで、もう 1 つの三角形の 7cm の長さの辺 A'B' をもとの三角形の辺 AB にピッタリと合わせてみます。合わせるときに、C と C' が AB よりも上側にあるようにしておきます。

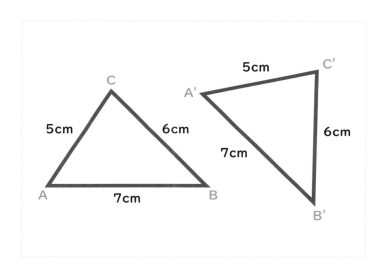

 合同かどうかは、この時点ではわかりませんよね？

 そうですね。ただ、少なくとも辺 AB と辺 A'B' は同じ長さなので、この辺を重ねることは確実にできます。
AB が重なったなら、残りの AC と BC がピッタリ重なれば、この2つの三角形は合同であるといえます。

 うーん、でも、どうやって証明するんですか？

 もともとの三角形の頂点 C と、動かしてきた三角形の頂点 C' がピッタリ重なることを説明します。

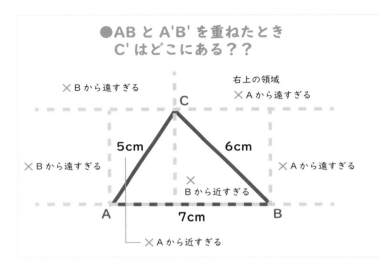

●AB と A'B' を重ねたとき
C' はどこにある？？

×Bから遠すぎる

右上の領域
×Aから遠すぎる

C

5cm

6cm

×Bから遠すぎる

×Aから遠すぎる

×
Bから近すぎる

A

7cm

B

×Aから近すぎる

たとえば、もし、「C' が右上の領域にいる」とすると、A'C' は長さが 5cm より長くなってしまいます。よって、「C' は右上の領域にいる」ことはありえません。

同様に、他の場合も、境界線上も含めて 1 つひとつ確認していくと、C' が C と重なるとき以外、A'C' = 5cm かつ B'C' = 6cm にはならないことがわかります。

移動してきた三角形について、A'C' = 5cm、B'C' = 6cm なので、C' と C はピッタリ重なる必要があるわけですね。

そのとおりです。以上が、「3 辺の長さが 5cm, 6cm, 7cm」である 2 つの三角形が、必ずピッタリ重なることの証明の概要です。

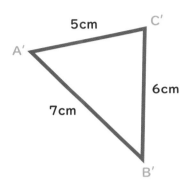

 他の長さでも同じですか？

 はい、上記の説明は長さが「5cm, 6cm, 7cm」以外の場合も同じように成り立ちます。「3辺の長さがそれぞれ等しい2つの三角形は合同」がわかりました。

 今回は、数式なしの証明でしたね！

 はい、証明に数式が必須というわけではありません。万人が納得できさえすれば、証明といえるでしょう。

> **マリのmemo**
>
> ・三角形の合同条件「3組の辺がそれぞれ等しいなら
>   合同」は事実なので、証明することができた。
> ・数式をあまり使わない証明もある。

15

なぜ、2つの内角は等しいのか？

「二等辺三角形」とは？

三角形の合同条件の次は、二等辺三角形についても、おさえておきましょう。

二等辺三角形のルールは、次のとおりです。

> ≪二等辺三角形のルール≫
>
> 二等辺三角形とは、2辺の長さが等しい三角形のこと。

 このルールは、私でもわかりますね。

二等辺三角形については、これ以外にはルールや事実はないんですか？

 二等辺三角形では、底辺（ペアではない辺）に接する2つの角（底角）は同じになります。これは、ルールから導き出される事実です。

「二等辺三角形の底角の事実」を証明する

「二等辺三角形では、2つの角が等しい」を証明してみます。

次の図のように、頂点 A から BC の真ん中の点 D に線を引き

120

ます。

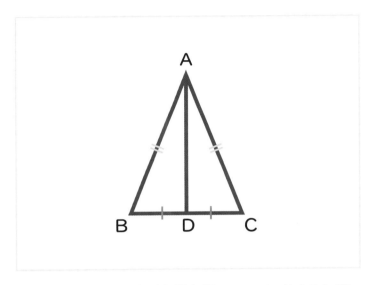

すると、三角形 ABD と三角形 ACD について、次のことがいえます。

> ・D は BC の真ん中の点のため、BD と CD は同じ長さ。
> ・AB と AC は、二等辺三角形の 2 辺のため同じ長さ。
> ・AD は共通のため、同じ長さ。

 つまり、3 辺がそれぞれ同じ長さということですね！

「3辺の長さがそれぞれ同じ場合、2つの三角形は合同」ということを先ほど証明しました。
したがって、「三角形 ABD と三角形 ACD は合同である」といえます。

合同は、ピッタリ重なる三角形ってことだから、3つの角もすべて等しいというわけですね！

そのとおりです。
したがって、底角である∠B と∠C は等しいといえるのです。
つまり、「二等辺三角形なら2つの角度が等しい」が証明できました。

三角形の合同条件がわかっていれば、すぐに理解できますね！

証明した事実をきちんと書いておきましょう。

≪二等辺三角形の事実①≫

二等辺三角形は、底角が等しい。

じつは、上の事実の「逆」も同じような方法で証明できます。

> ≪二等辺三角形の事実②≫
> 底角が等しい三角形は、二等辺三角形である。

 逆に、2つの角度が等しい三角形は、二等辺三角形といえるんですね。

 そのとおりです。
ある事実が成り立つときに、その「逆」が成り立つかどうかも考えると、理解がより深まりますよ。

マリのmemo

・「二等辺三角形の底角は等しい」は事実なので、証明できた。
・前回証明した「三角形の合同条件」が活躍した。
・ある事実が成り立つときに、その「逆」が成り立つかどうかも考えるとよい。

【平行四辺形】

16

平行四辺形とは、どんな形のこと？

 なぜ「平行四辺形」が大切なのか？

三角形の次は、四角形を取り上げましょう。
まずは、「平行四辺形」です。

 えっ、平行四辺形ですか？　長方形や正方形とかではなくて？

もしかすると、小学校では先に長方形や正方形を習ったかもしれませんね。
数学の世界でいう四角形は、簡単に説明すると次ページの図のように分類されており、長方形やひし形、正方形は、すべて平行四辺形の一種です。そのため、先に平行四辺形について紹介したいと思います。

 なるほど！　四角形の場合は、平行四辺形が基点になるということなんですね。

 はい。平行四辺形を先に見ることで、長方形、正方形、ひし形といった他の四角形の全体像もつかみやすいと思います。

🔶 「平行四辺形」とは？

 平行四辺形のルールは、次のとおりです。

≪平行四辺形のルール≫

平行四辺形とは、2組の対辺がそれぞれ平行である四角
形のこと。

……タイヘンってなんでしたっけ……？

 対辺とは、「向かい合った辺」のことです。
次の図のように、向かい合った辺がそれぞれ平行であるような
四角形を平行四辺形といいます。

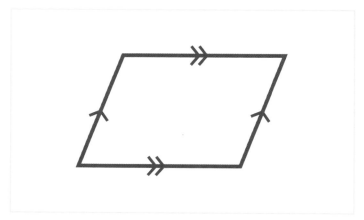

 うんうん、これ自体は「そうなのね」という感じです。

 マリさん、平行四辺形も、じつはけっこう奥が深いんですよ。
平行四辺形の事実としては、次のことがいえます。

≪平行四辺形の事実≫

平行四辺形は、2組の対辺がそれぞれ同じ長さである。

向かい合う辺の長さが違うような平行四辺形は存在しないってことですか？

 はい。三角形の合同条件を使って簡潔に証明してみましょう。AからCに対角線を引き、2つの三角形ACDと三角形CABに分割して考えてみます。このとき、ABとCDは平行なので、直線ACによって生じる錯角が等しくなります。

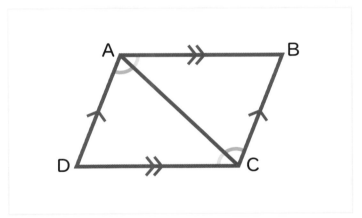

 つまり、∠ACDと∠CAB、∠CADと∠ACBが、それぞれ等しいわけですね！

 そのとおりです！ そして、2つの三角形はACを共有しています。また、三角形の合同条件として、「1辺とその両端の角がそれぞれ等しい」というものがあるので、これによって2つの三角形が合同であることがわかります。

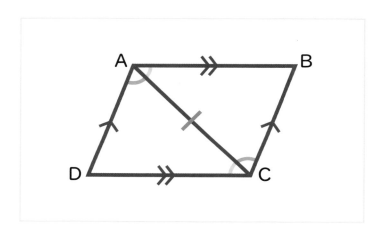

 なるほど。平行四辺形を2つに分割してできた三角形が合同ということは、対応する辺の AD と CB、AB と CD はそれぞれ等しい、ということなんですね！

 したがって、「平行四辺形の対辺の長さはそれぞれ等しい」といえるのです。

 なるほど〜！ 1組でも長さが変わると、平行四辺形ではなくなってしまうんですね。

 そのとおりです。ちなみに、1組の対辺が平行な四角形のことを台形といいます。

P 125 の図でいえば、平行四辺形よりも広いカテゴリーの四角形です。「平行四辺形は、2組の対辺が平行な台形である」ともいえます。

平行四辺形における「同値な定義」

 マリさん、これで平行四辺形のルールと事実の関係は理解できましたか？

 はい！　でも、ちょっと気になることがあるんです……。

 なんでしょうか？

 前回、「ある事実が成り立つときに、その逆が成り立つかどうかも考えるとよい」ことを学びました。
今回は「平行四辺形であれば、2組の対辺が必ず同じ長さになる」という事実を証明しましたが、その逆も成り立つんでしょうか？

 鋭い指摘ですね！　そのとおりです。「2組の対辺がそれぞれ平行」なら「2組の対辺の長さが同じ」になりますし、逆に、「2組の対辺の長さが同じ」なら「2組の対辺がそれぞれ平行」になります。つまり、どちらを平行四辺形のルールにしても同じです。

 どちらをルールにしても同じ……？

 はい。先ほどは次のように説明していました。

> （パターン①）
> **ルール**：平行四辺形とは、2組の対辺がそれぞれ平行
> である四角形のこと。
> **事実**：平行四辺形は、2組の対辺がそれぞれ同じ長さ
> である。

ただ、ルールと事実を交換して次のように考えても OK です。

> （パターン②）
> **ルール**：平行四辺形とは、2組の対辺がそれぞれ同じ
> 長さである四角形のこと。
> **事実**：平行四辺形は、2組の対辺がそれぞれ平行である。

 あっ！　パターン①とパターン②で、**ルールと事実が入れ替わってる！**　どちらがルールでも事実でもいいってことですか？

 はい。片方をルールとして定めれば、もう片方が事実として導かれます。数学を勉強しているとたびたび遭遇するのですが、このように、ルール A を定めると事実 B が導かれ、ルール Bを定めると事実 A が導かれるような状況において、A と B のことを「同値な定義」といいます。

 どちらかが「真のルール」っていうのはないんですか？

ＡとＢのどちらをルールにしても、ＡもＢも両方成立して他の議論に影響がないため「どちらが真のルールか？」について考えることはあまりないように感じます。

じつは、平行四辺形の「同値な定義」は２つだけでなく、少なくとも５つあります！

> ≪平行四辺形の同値な定義≫
>
> ・２組の対辺がそれぞれ平行。
> ・２組の対辺がそれぞれ同じ長さ。
> ・２組の対角がそれぞれ同じ大きさ。
> ・１組の対辺が平行で長さが同じ。
> ・２本の対角線が、それぞれの中点で交わる。

これらのうち、どれをルールとして選んでも、その他すべてが事実として導かれます。

すごーい！ ルールが事実になって、事実がルールになるなんて不思議です。平行四辺形ってかなり特殊な四角形だったんですね～。

> マリのmemo
> ・「同値な定義」という概念がある。
> ・平行四辺形には同値な定義が少なくとも５つもある。

17

長方形、ひし形、正方形とは、どんな四角形のこと？

 長方形、ひし形、正方形は、すべて平行四辺形

平行四辺形の次は、平行四辺形の一種である「長方形」「ひし形」「正方形」についてお話しします。まず、長方形のルールは次のとおりです。

《長方形のルール》

長方形とは、4つの角の大きさがすべて同じである四角形のこと。

 長方形のルールって、あまり意識したことがなかったんですが、こういうものなんですか？ 「角の大きさが同じ」ではなく細長いみたいなイメージだったので。

四角形の内角の和は 360°ですから、4 つの角度がすべて等しい場合、すべての角度が 90°となります。

 あっ、たしかに！　すべての角度が 90°なら、普段から思い描く長方形のイメージに近いです。

 平行四辺形では、「2 組の対角がそれぞれ同じ大きさ」というルール（同値な定義）がありました。長方形の場合は、「すべての角が等しい」という、もう一段厳しい条件がついています。

 つまり、長方形は平行四辺形の一種なんですね！

 そのとおりです。平行四辺形の中でも特に「4 つの角がすべて等しい」ものは、長方形となるのです。そして、ひし形のルールは次のようになっています。

《ひし形のルール》

ひし形とは、4 つの辺の長さがすべて同じである四角形のこと。

平行四辺形は「2組の対辺がそれぞれ同じ長さ」でしたが、こちらは「すべての辺の長さが等しい」場合なんですね。

 はい。長方形やひし形は、平行四辺形ですが、平行四辺形だからといって、長方形やひし形になるとは限りません。
このように、長方形やひし形は、平行四辺形の特殊ケースであると理解すると、頭の整理がしやすいと思います。

🔋 正方形は、「長方形」であり「ひし形」

 長方形とひし形はわかったんですが、正方形はどこに入るんですか？

 正方形は、次のような四角形のことを指します。

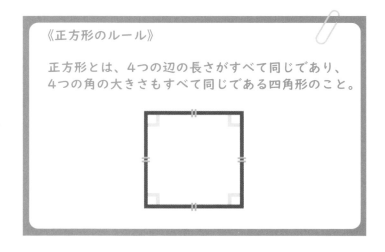

《正方形のルール》

正方形とは、4つの辺の長さがすべて同じであり、
4つの角の大きさもすべて同じである四角形のこと。

これって、長方形とひし形のルールが一緒になっていませんか？

 まさしくそのとおりです！

正方形は「長方形の特徴とひし形の特徴を両方とも持つ四角形」です。つまり、それぞれの四角形の特殊ケースであるといえます。

改めて、四角形の関係を見てみましょう。

- 台形は、1組の対辺が平行な四角形。
- 平行四辺形は、いろいろな同値な定義がある：
  - → 2組の対辺が平行な四角形
  - → 2組の対辺がそれぞれ等しい四角形
  - → 2組の対角がそれぞれ等しい四角形
- 長方形は、すべての角が等しい四角形。
- ひし形は、すべての辺が等しい四角形。
- 正方形は、すべての角が等しく、すべての辺も等しい四角形。

長方形やひし形など、なんとなくは理解していると思いますが、これらのルールをきちんと説明できる人は少ないかもしれません。

マリのmemo

・正方形は「長方形」と「ひし形」を合わせた四角形だった！

【長方形の面積】

18 なぜ、「縦×横」なのか？

🔷 「面積の求め方」はルール？　それとも事実？

三角形や四角形の「形」をある程度理解したところで、次はいよいよ「面積」に入りたいと思います。
マリさん、面積についてはバッチリですか？

えっ、えーっと……。面積は、「広さ」だというのはわかるんですけど……（汗）。

もっともシンプルな面積の計算は、「縦の長さ×横の長さ」ですね。

そうそう！　そこが大きな謎なんです！
「縦×横」を計算するだけで、なんで広さがわかるんですか？
「面積は『縦の長さ×横の長さ』を計算して導き出したもの」というようなルールでもあるんですか？

マリさん、だんだんと数学的な考え方ができるようになってきましたね！
まず「面積のルール」を確認しましょう。

「面積」のルールとは？

 面積の「ルール」ってなんだろう？　まったく見当がつきません……。

 ここでは、「面積のルール」を次のように定めます。

> ≪面積のルール≫
>
> 面積とは、縦 1cm ×横 1cm の正方形で何個分の広さかを表す量とする。たとえば、縦 1cm ×横 1cm の正方形 3 個分の広さを 3cm^2 と表す。

 「1cm × 1cm の正方形が何個あるか？」という考え方は、シンプルなのでわかりやすいですね！

 面積を厳密に定義しようとすると、極限まで小さな平面図形の集まりを考える必要があります。

そこまでいくと、少なくとも高校数学レベルになってしまうので、ここではそこまで考えないことにします。

 本気でやろうとすると、面積も算数レベルじゃ無理なんですね……（汗）。

「長方形の面積の事実」を証明する

 では先生、今回の「長方形の面積」については、どのように考えればいいんでしょうか？

 まず「長方形は、**4 つの角がすべて等しい四角形**」のことですね。ではマリさん、「縦が 3cm、横が 4cm の長方形」の場合、正方形何個分になるでしょうか？

 えーっと、「1cm × 1cm の正方形が何個入るか？」ということですよね……。

 はい、そのように考えると、縦に 3 つ分、横に 4 つ分入れられるので、図のように「縦×横」のかけ算で数えることができます。

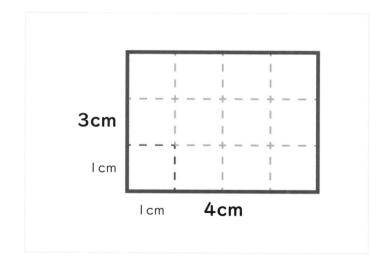

なるほど！
縦が 3cm、横が 4cm の長方形は、1cm × 1cm の正方形
3 × 4 = 12 個分の広さです。つまり、面積は 12cm² といえ
るんですね！

 そのとおりです。このように、長方形の場合、面積は「縦の長
さ×横の長さ」の計算で導き出せることがわかります。

 こうして考えると、たしかに「長方形の面積の求め方」が「事
実」なんだとはっきりわかります。

≪事実≫

長方形の面積は、縦の長さ×横の長さ。

🔹 辺の長さが小数の場合の考え方

 でも先生！
1cm × 1cm の正方形という考え方だと、辺の長さが小数のと
きにうまく当てはまらないですよね？

 マリさん、そのとおりです！
では、縦が 1.2cm、横が 1.5cm の長方形の面積で考えてみま
しょう。

さっきの「事実」から考えると、これも「縦の長さ×横の長さ」なんですよね……？

 そのとおりです。小数の場合でも「縦の長さ×横の長さ」で面積が計算できる理由を説明します。

まず、「縦 1.2cm、横 1.5cm」の長方形を、縦に 10 個、横に 10 個並べて考えてみます。

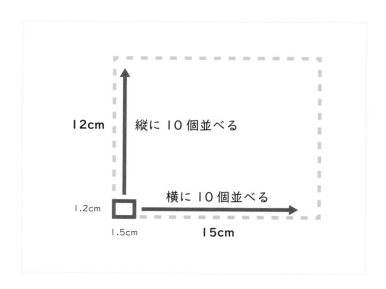

 縦も横も 10 倍になる、というわけですよね。

この大きな長方形は、縦 12cm、横 15cm なので、面積は次のとおりになります。

$$12 \times 15 = 180cm^2$$

もともとの小さな長方形の面積はどうなるんですか？

「この大きい長方形は、もともとの小さい長方形の何個分だったか？」を考えます。

小さい長方形を縦と横に 10 個ずつ並べて大きい長方形をつくったので、

「大きい長方形の面積」
　＝「小さい長方形の面積」× 10 × 10

ですか？

そのとおりです。「大きい長方形の面積」= 12 × 15 だったので、「小さい長方形の面積」は、次のようになります。

> 「小さい長方形の面積」
> ＝「大きい長方形の面積」÷ 10 ÷ 10 （かけ算の逆演
> 　　算は割り算）
> ＝ 12 × 15 ÷ 10 ÷ 10
> ＝ (12 ÷ 10) × (15 ÷ 10)
> ＝ 1.2 × 1.5 　（10 で割ることは、小数点を左にずら
> 　　すこと）

 1.2 × 1.5 ということは、「縦の長さ×横の長さ」ですね。小数の場合も、同じ公式で面積が出せるんですね！

🔋 辺の長さが分数の場合の考え方

 でもマスオ先生、辺の長さが小数の長方形の面積はわかったんですが、辺の長さが分数の場合はどう考えればよいんですか？

 そうですね。これも、小数の場合と同じように考えられます。

 小数と分数で、まったく同じように考えられるんですか？

 たとえば、縦の長さが $\frac{4}{3}$ cm、横の長さが $\frac{8}{5}$ cm の長方形の場合を見てみましょう。

分数の場合、分母の数をかけると整数にできるので、この長方形を縦に 3 つ、横に 5 つ分並べます。すると、縦 4cm、横 8cm の大きな長方形をつくれます。

分母の数の分だけ並べることで、整数で計算ができるわけですね！

 この大きな長方形は、縦 4cm、横 8cm なので、面積は先ほどと同じように計算できます。

$$4 \times 8 = 32cm^2$$

 あとは、この大きな長方形を、もともとの長方形の大きさに直せばいいんですね！

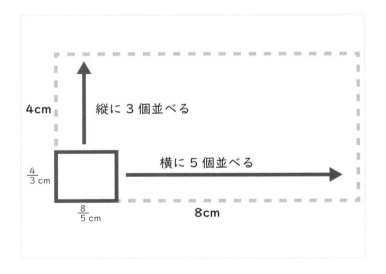

そのとおりです。先ほどの操作では、長方形を縦に 3 個、横に 5 個並べていました。3 × 5 = 15 なので、大きな長方形は、もともとの長方形の 15 個分になっていることがわかります。

つまり、大きな長方形の面積を、3 × 5 = 15 で割ればいいんですね！

マリさん、よくできましたね！　もともとの長方形の面積は、$(4 × 8) ÷ (3 × 5)$ cm^2 となりますね。

先生、ちゃちゃっと計算しちゃいましょう〜！

答えを出す前に、式を少し変形してみましょう。「割り算 = 分数」のルールから……。

$$(4 × 8) ÷ (3 × 5) = \frac{4 × 8}{3 × 5} = \frac{4}{3} × \frac{8}{5}$$

あれ？　この分数、どこかで見たような……。

もともとの長方形が縦の長さ $\frac{4}{3}$ cm、横の長さ $\frac{8}{5}$ cm なので、やはり分数でも「縦×横」で計算できることになります。

分数でも小数でも、大きな長方形を考えずに、そのまま「縦×横」のかけ算をしていいんですね！

はい。
どのような値であっても「長方形の面積 ＝ 縦の長さ×横の長さ」という事実は変わらないということですね。

「正方形の面積」は？

ところで先生、この授業の中の「面積のルール」が「辺の長さが 1cm の正方形が何個あるか」でしたよね？　正方形の面積はどうなるんですか？

正方形についても考えてみましょう。
正方形とは「**4 つの角がすべて等しく、4 辺の長さがすべて等しい四角形のこと**」でした。

さっきの長方形では「4 つの角がすべて等しい」だけでしたが、正方形では「4 辺の長さがすべて等しい」という条件が加わるわけですね。

まさしくそのとおりです。
つまり、「正方形は、4 辺の長さがすべて等しい長方形である」とも言い換えられます。

正方形は「長方形の特殊ケース」でしたね。

そのとおりです。そのため、計算方法は同じく「縦の長さ×横の長さ」となります。正方形は縦の長さと横の長さが同じなので、次のようにいえます。

≪正方形の面積≫
「正方形の面積 ＝ 1 辺の長さの 2 乗」

だから、1cm × 1cm の正方形の面積は、次のようになるわけですね！

$$1 \times 1 = 1cm^2$$

はい。ここでは長方形の面積の公式から、$1\ cm^2$ という値を導きましたが、「辺の長さが 1cm の正方形が何個あるか」というのが面積のルールでしたから、その答えとして「1 個」となるのは当然ともいえますね。

マリのmemo
・「面積とは、1cm × 1cm の正方形で何個分の広さかを表す量」というルールに基づいて、長方形の面積の事実が証明できた。

【三角形の面積】

19 なぜ、「底辺 × 高さ ÷ 2」なのか？

🔵 長方形の面積の次に、三角形の面積を学ぶ理由

長方形の面積の次は、三角形の面積です。
図形の面積には、次のような関係性があります。

> ・三角形の面積の計算には、長方形の面積の事実を使う。
> ・台形の面積の計算には、三角形の面積の事実を使う。

そのため「長方形→三角形→台形」の順番で学習するわけです。

算数の授業は 1 つも穴を開けられないわけか……。

そうですね。各単元のルールと事実は密接に関係しています。
たとえば、先ほどの長方形の面積についての説明でも、小数や
分数の計算の事実が必要でしたよね。

「小数や分数の計算」がきちんと理解できていないと「長方形
の面積」という図形の単元にまで影響が出てしまうんですね
……。

「直角三角形の面積」を証明する

 では、三角形の面積について見ていきましょう。

三角形の面積は、次の式で求められます。

> **三角形の面積 ＝ 底辺×高さ÷ 2**

マリさんは、この公式は覚えていますか？

 はい、一応……。

この「÷ 2」という部分が、小学生時代にいまいち理解できな
かったんですよね……。

 まず、前回お話しした面積のルールをおさらいしましょう。

≪面積のルール≫

面積とは、縦 1cm ×横 1cm の正方形で何個分の広
かを表す量とする。

 でも先生！　三角形と正方形は、ピッタリと合わない形をして
いますよね？

そうですね。まずは、直角三角形を考えてみましょう。同じ直角三角形を2つ図のように並べると、長方形ができます。

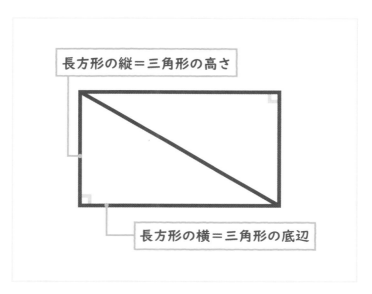

この三角形の「高さ」は、長方形の「縦の長さ」に相当します。長方形の面積は「縦の長さ×横の長さ」でしたから、その半分、つまり「長方形の面積÷2 ＝ 底辺×高さ÷2」で、この直角三角形の面積を求められます。

でも、直角三角形でない三角形でも、この公式で計算できるわけですよね？

では次に、直角が1つもない場合を考えてみます。

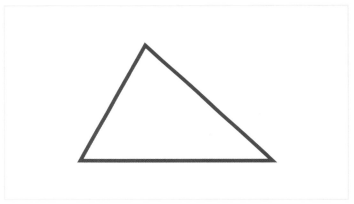

この場合は、次のように、三角形を2つの小さな三角形に分けて考えます。

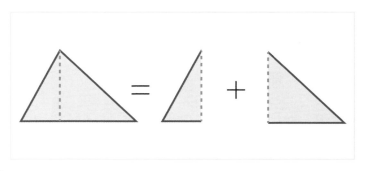

 2つに分けて、どうやって「面積 = 底辺×高さ÷2」を証明するんですか?

図を使って証明してみましょう。

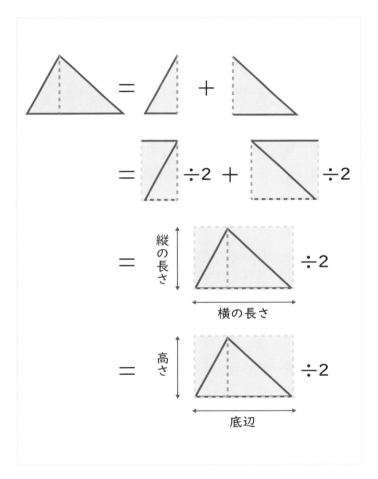

なるほど！　最後の ＝ は、

- **大きな長方形の横の長さ ＝ もとの三角形の底辺**
- **大きな長方形の縦の長さ ＝ もとの三角形の高さ**

であることを表しているんですね。

そのとおりです。もともとの三角形の面積は、大きな長方形の面積÷2、つまり、底辺×高さ÷2になることがわかります。

直角三角形でない場合でも、三角形の面積が「底辺×高さ÷2」で計算できることがわかりました。

直角三角形でない三角形の面積 ＝ 底辺×高さ÷2

証明を完成させる

直角三角形の場合も直角三角形でない場合も、

三角形の面積 ＝ 底辺×高さ÷2

であることが証明できました！

じつは、厳密には「直角三角形でない場合の証明」が不十分な

のです。

 えっ？　これでもまだダメなんですか？

 「直角三角形でない場合の証明」では都合のよい図を書いていましたが、次の図のように、もしかしたら 90°より大きな角が存在して、高さが三角形の外にはみ出てしまうかもしれません。そのような場合には、さっきの証明では対応できていませんよね？

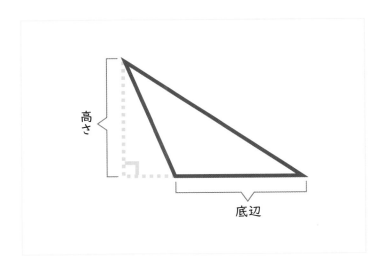

高さ

底辺

 なるほど……。証明するのに都合のよい図を書いてしまっていたんですね。

 そのとおりです。

余談ですが、私も数学の大事な試験で「証明するのに都合のよい図を書いて、場合分けが不十分で減点をくらってしまった」という苦い経験があります。

 すべての場合に対応できるような、完璧な証明をするのって大変なんですね……。

 今回は、都合のよい図のせいで「不十分な証明」になってしまいましたが、都合のよい図のせいで「間違った結果」を与えてしまうこともあります。

 間違った結果？

 たとえば、都合のよい図を書くことで、「すべての三角形は正三角形である」という間違った結果を導く嘘の説明ができてしまったりします。
ここでは詳細は説明しませんが、有名な話なので、あとで「すべての三角形は正三角形」などで検索してみてください。
それでは、本題に戻ります。
最後に「高さが外にはみ出た場合」についても、
「三角形の面積 ＝ 底辺×高さ÷ 2」であることを証明しましょう。
この場合も図を使って証明してみます。

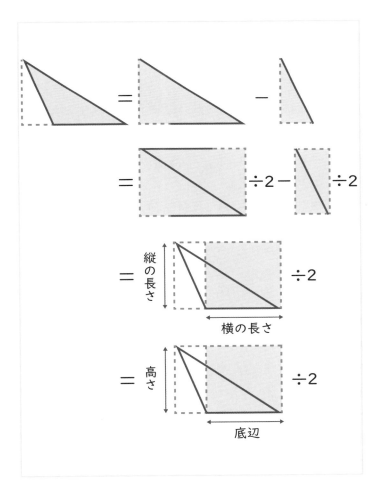

 すごい！ この場合も、「面積 = 底辺×高さ÷2」になりました。結局、どの三角形も同じ公式になってしまうんですね！

ここまで計算して、やっと次のようにいえるのです。

《三角形の面積の事実》

三角形の面積 = 底辺×高さ ÷ 2

 当たり前のように覚えていた三角形の面積の公式も、きちんと証明しようとするとこんなに大変なんですね……！

 小学校では直角三角形や「都合のよい図」だけの説明で、この公式を習った人も多いでしょう。しかし、どんな三角形でもこの公式が通用することを確認すると、理解が深まります。

 少し複雑でしたが、面積のルール→長方形の面積の事実→三角形の面積の事実、という流れが理解できました。

 このように、数学ではルールから事実を導き、その事実を使って別の事実を導くことが多いです。

 事実の積み重ねが、数学の基礎なんですね……。

マリのmemo

・「三角形の面積 = 底辺×高さ ÷ 2」は基本的な事実だが、きちんと証明するのはとても難しい。

・数学ではルールから事実を導き、その事実を使って別の事実を導くことがある。

【円周率】

20

なぜ、「3.14 くらい」なのか？

🔋 「円周率」のルールと事実

 長方形、三角形の次は「円」を見てみましょう。

 ついに、「円」の登場か……。

 円の広さや長さを考える上で欠かせない「値」がありますが、知っていますか？

 さすがにわかりますよ！「3.14」ですよね！

 はい、円周率ですね。円周率のルールは、以下です。

≪円周率のルール≫

円周率（π、パイ）とは、「円周÷直径」のこと。

 あれ、円周率のルールって、「円周率とは 3.14」みたいな感じじゃないんですか？

「円周率≒3.14」は円周率のルールから導かれる事実です。

≪円周率の事実≫

「円周率 π ＝ 円周÷直径」というルールのもとで、円周率の値は 3.1415926535…となる。

…の部分はなんですか？

ずっと続くという意味です。算数の範囲では、小数第 2 位より下の数は切り捨てて「約 3.14」として紹介されていると思います。

3 よりちょっと大きい数、という感じですよね。円周率とは、円周÷直径のことで、「円周÷直径を計算すると 3.14 くらいになる」というのは事実なんですね。

⚡ 「円周率 > 3」であることを証明する

「円周率 ＝ 3.1415926535…」というのは事実なので、証明できるんですよね？

そのとおりです。ただし、「円周率≒3.14」の証明は大変です。じつは、「円周率が 3.05 より大きいことを証明せよ」という問題が東京大学の入試で出題されたこともあるくらいです。

そんなに難しいんですね！

 はい。「円周率 ≒ 3.14」の証明は難しいですが、「円周率は 3 より大きい」という事実は簡単に証明できます。

 「3 より大きい」なら、算数の知識でもわかるんですか？

 「3 より大きい」なら、正三角形を活用して導き出すことが可能です。まず、6 つの頂点がすべて円周上にある正六角形を考えます。

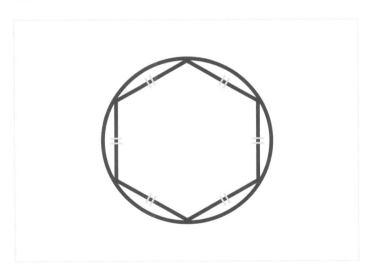

円の中心から、各頂点に線を引っ張ると、三角形が6つに分かれます。

じつは、この6つの三角形は正三角形になります。

 なんで、ぜんぶ正三角形になるんですか？

 どの三角形も、3辺の長さがそれぞれ等しいので、6つの三角形は合同になります。

よって、中心部分の角度は6つの三角形で等しくなります。

360°を同じ大きさの角度6個で分割しているので、1つの角度は60°です。

等しい 2 つの辺ではさまれた角（頂角）が 60°の二等辺三角形なので正三角形になるんですね！

そのとおりです。
すると、次のようになることがわかりますか？

「正六角形の周の長さ」＝ 3 ×「円の直径」

正三角形が 6 つなので……？

「円の直径」が正三角形の辺 2 つ分（2r）です。「正六角形の周の長さ」は正三角形の辺 6 つ分（6r）だからです。

なるほど。でも円周率はいつ出てくるんですか？

ここからです。もうすぐ証明完了ですよ。
円周率は、「円周」÷「円の直径」のことでした。
図を見ると、「円周」＞「正六角形の周の長さ」であることがわかりますよね？

はい、直線で動いたほうが短いですもんね。

いままでの結果をまとめると、次のようになります。

円周率 ＝「円周」÷「直径」
　　　　＞「正六角形の周の長さ（6r）」÷「直径（2r）」
　　　　＝ 3

 なるほど、最後の変形で「正六角形の周の長さ」＝ 3 ×「直径」を使ったんですね。

 はい、以上により「円周率は 3 より大きい」という事実が証明できました。

🖊 よりハイレベルな事実の証明には、三角関数が必要

 正三角形が登場するのには驚きましたが、これも証明できてしまうわけですね。すごい！

 実際に東京大学の入試で出題された、「π ＞ 3.05 を証明せよ」という問題では、高校数学で扱う「三角関数」を使えばサクサクと解答できます。
中学生であれば「三平方の定理」を活用して、ものすごく頑張れば解答できます。

やっぱり、算数の範囲だと限界があるんですね。

円周率って、小学校で習うものだと思っていましたが、じつは「3.141592……」を証明するのは、算数では無理だったんですね……。

π＞3くらいであれば、ほとんど算数の範囲でできる、ということです。

より精度の高い「3.14…」のようなディープな数学の世界になってくると、正六角形よりも円に近い多角形を考えて計算するのですが、その辺りが高校数学の力というところですね。

高校数学って、やっぱりものすごくハイレベルだったんですね……。

余談：「良定義」

少し余談です。

円周率のルールは「円周率」＝「円周」÷「直径」でした。でも、これって、本当にきちんとしたルールになっているでしょうか？

「円周」÷「直径」が、円によって違っていたらどうなるでしょうか？

たしかに、大きい円だと「円周」÷「直径」＝5になって、小さい円だと「円周」÷「直径」＝1になってしまう、というようにコロコロ変わってしまうと、円周率の値が1つに決まりませんね。

そのとおりです。
「円周率」＝「円周」÷「直径」という円周率のルールは、「円周」÷「直径」が円の大きさによらないことを前提としていたんです。
このように、**決めたい値が 1 つに決まるようなルールのこと**を「**well-defined**」（良定義）といったりします。

 適当なルールを決めると、決めたい値が 1 つに定まらず、解釈や状況によって変わってしまうことがあるんですね……。

 はい。そのような**不完全なルール**を「**ill-defined**」といったりします。

マリのmemo
....

・「円周率とは円周÷直径のこと」はルール。
・「円周率は 3.14 くらい」は事実。事実なので証明
　できる。

【円の面積】

21 なぜ、「半径 × 半径 × 円周率」なのか？

イメージがわきづらい、円の面積

 円周率が登場したとなると、次は……。

 はい、本題である「円の面積」です。

 出た‼ 面積の中でも、一番意味がわからないやつですよね……。

 ということは、マリさん、円の面積を求める公式を覚えているということですか？

 えっ、えーと……。「わからない」というのは覚えているんですけれど……（笑）。

 長方形では「縦、横」という概念があるため、面積のイメージがわきやすいと思います。
その一方で、円の場合は縦も横もないので、どのように面積を求めたらよいのか、直感的なイメージがわきづらいのだと思います。

「縦と横」という言葉で、なんとなく思い出してきました……。
たしか、円をピザのようにカットして、並べるんでしたよね
……？

そのとおりです。円を図のように細かく切り、それを横に並べ
ていくと、ほぼ長方形のような形になります。これを長方形と
見立てることで、円の面積を導けます。

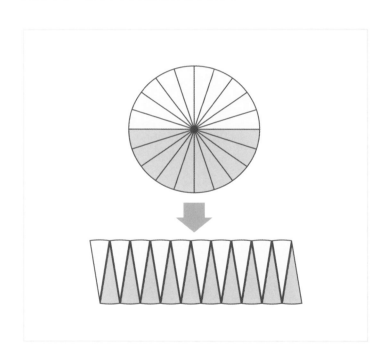

「円の面積の事実」を証明する

 円を長方形に直せるのなら、あとは簡単ですね！
長方形の面積は「縦の長さ×横の長さ」だから……、あれ？
縦と横の長さはどうなるんでしょうか？

 図を見ると、長方形の「縦の長さ≒半径」、「横の長さ≒円周の半分」となっています。

 つまり、円の面積は「半径」（縦の長さ）×「円周÷2」（横の長さ）となるわけですね！

 そのとおりです。したがって、「円の面積 = 半径×半径×円周率（π）」となるわけです。

 ちょっと待ってください、マスオ先生！
「半径×円周÷2」が、なんで「半径×半径×π」なんですか？
円周がわからないと、面積が計算できないはずじゃ……。

 そうでした、ここをじっくり見てみる必要がありますね。
円周率のルールは円周率（π）= 円周÷直径でした。「割り算はかけ算の逆演算」なので、「直径に円周率をかけたものが、円周」です。

≪円周の事実≫

円周 = 直径×円周率（π）

これで、円周を測らなくても面積が出せるわけですね！

 はい。今までの結果を整理すると、次のとおりです。

> ・円の面積 = 半径×円周÷2
> ・円周 = 直径×円周率（π）

この2つを使うと、次のようになります。

> 円の面積 = 半径×円周÷2
>   = 半径×（直径×円周率）÷2
>   = 半径×（2×半径×円周率）÷2
>   = 半径×半径×円周率

 円の面積 = 半径×半径×円周率（π）という公式が事実であることがわかりました。

 もう少しスッキリさせたい人は、次のように書いてもいいですね。

> 円の面積 = 半径^2×円周率（π）

おぉ～！ 円の面積って、習った当時は「呪文みたいな公式だなぁ」と思っていたんですけど、長方形の面積と同じ考え方だったんですね。

 長方形のように、直感的にわかりやすい公式ではないですからね。

ただ、円をピザのようにカットして長方形にするという考え方で計算すると、上の式で求められます。

より厳密には、高校数学で習う積分や、大学数学の極座標を使っても証明できますが、その場合でも導き出される式は上記と同じです。

 難しい証明をしても、結果は同じなんですね。

 このような証明を経て、しっかりと「円の面積の公式」と言い切れるわけです。

マリのmemo

・「円の面積 ＝ 半径×半径× 3.14…」は事実なので証明できた。

・証明のためには、円周率のルールと事実を理解しておく必要があった。

22

図形を2倍に拡大すると、面積や体積は何倍になる?

図形を2倍にすると、面積は何倍?

 面積をひと通りやったところで、次は体積にいきましょう。

 体積になると、計算がまた一段とややこしくなるんですよね……。私でも本当に理解できるでしょうか。不安……。

 マリさん、ここまできたのですから自信を持ってください!
絶対に理解できるようになります!

 う~ん、あまり自信がない……。

 では、ちょっと頭の体操ということで、今回は「図形の拡大」について考えてみましょう。
たとえば、図形を2倍にすると、面積が何倍になるか、わかりますか?

 図形を2倍ということは、辺の長さが2倍になる、ということでしょうか?

そのとおりです。たとえば、底辺が 2cm、高さが 1cm の三角形があるとします。この図形を 2 倍にすると、面積は何倍になるでしょうか？

 拡大する前の三角形の面積は、「底辺×高さ÷ 2」なので、2cm × 1cm ÷ 2 = 1cm^2 となりますね。
図形が倍になるというと、底辺が 4cm、高さが 2cm なので、

$$4\text{cm} \times 2\text{cm} \div 2 = 4\text{cm}^2$$

となり、1 が 4 になるので、4 倍！

 マリさん、素晴らしい解答です！
では、長辺が 2cm、短辺が 1cm の長方形を 3 倍にすると、面積は何倍になるでしょうか？

 長方形の面積は「縦の長さ×横の長さ」なので、もともとの長方形の面積は 2 × 1 = 2cm^2、3 倍に拡大した長方形の面積は、6 × 3 = 18cm^2、つまり、9 倍になります！

 マリさん、完璧です！
このように、面積は、図形を 2 倍に拡大すると 4 倍に、3 倍に拡大すると 9 倍になります。

他の図形でも、2倍に拡大すると面積は4倍、3倍に拡大すると面積は9倍になるんですか？

 はい。たとえば円の場合も、半径が r の場合の面積は πr^2 ですが、2倍に拡大したときの面積は、$\pi (2r)^2 = 4\pi r^2$ となるので、4倍になります。

じつはどんな平面図形でも「2倍に拡大すると面積は4倍」になります。「ものすごく細かい長方形で埋め尽くす」と考えることで、理解できると思います。

 2倍に拡大なら、面積は 2×2 ＝ 4倍。3倍に拡大なら、面積は 3×3 ＝ 9倍というわけですね！

 そのとおりです。平面図形を k 倍に拡大すると、面積は k×k ＝ k^2 倍になります。

≪平面図形の拡大の事実≫

図形を k 倍に拡大すると、面積は k^2 倍になる。

図形を 2 倍にすると、体積は何倍？

 となると、次は「体積のルール」ですね。

ここも面積と同じで、厳密にやろうとすると話が複雑になってしまうので、次のようなルールで考えてみます。

> ≪体積のルール≫
>
> 体積とは、1cm × 1cm × 1cm の立方体で何個分かを表す量とする。

このとき、立方体の体積 (cm^3) は「1 辺の長さ ^{3}」で求められます。この事実の証明は割愛しますが、正方形の面積と同じようにしてできます。これを利用して、1 辺の長さが 1cm の立方体を 2 倍に拡大したとき、体積は何倍になるかを求めてください。

 先ほどと同じでよければ、こんな感じでしょうか……？

> 1 辺が 1cm の立方体の体積 = 1^3 = 1cm^3。
> これを 2 倍に拡大したとき、1 辺の長さは 2cm となるので、2^3 = 8cm^3。

正解です！　3次元の立体図形を2倍にする場合は、高さの概念が加わるので、「縦の長さ×横の長さ×高さ」のそれぞれが2倍となり、2^3で8倍になります。

同様に、球の体積（$\frac{4}{3}\pi r^3$）でも、半径を3乗するので、体積は8倍になります。

 同じ考え方だと、大きさを3倍にしたら、体積は$3^3 = 27$倍になりますね。

 マリさん、とても勘が鋭くなりましたね！

立体図形（3次元）の場合、k倍にすると、体積はk^3倍になります。

≪立体図形の拡大の事実≫

図形をk倍に拡大すると、体積はk^3倍になる。

💡「図形の拡大の事実」を一般化する

 面積や体積の拡大は、この公式を覚えておけば、いちいち計算しなくていいので便利ですね！

 この流れを見ていくと、やはり数学が好きな人というのは「一般化」したくなるんです。

これも一般化なんですか！？　でも、これ以上なにを考えるんですか？

たとえば、直線（1次元）を2倍にした場合、単純に線が2倍になるわけですが「2の1乗倍になった」と考えることができます。じつは、図形の拡大について、一般化した次の事実が成り立ちます。

> ≪図形の拡大の事実≫
>
> どんな d 次元の図形も、k 倍に拡大すると、大きさは「k の d 乗（k^d）倍」となる。

同じ考え方で、どんな図形の拡大にも対応できるわけですね！

この事実を知っておけば、平面でも立体でも、図形を拡大した場合に大きさが何倍になるのか、同じ式を使って答えられます。たとえば、「平面図形の拡大の事実」や「立体図形の拡大の事実」を忘れてしまっても、上の事実さえ覚えておけば、平面でも立体でも、何倍に拡大する場合でも対応できます。

一般化の威力ってすごいですね……。

「図形の拡大」に関するいろいろな事実の関係性を図にすると、次のようになります。

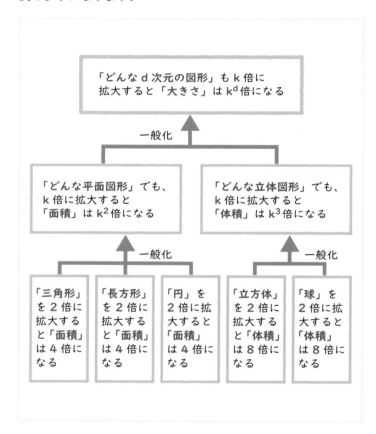

一番下に算数で登場したそれぞれの面積の事実があって、それらをまとめると、2次元での拡大の事実がわかります。さらに、2次元と3次元の図形の事実を一般化すると、すべての図形の拡大の事実になるのです。

一見、一番上はわかりにくい公式に見えるんですが、1つですべての図形の拡大を説明できます。下段の具体的な公式はわかりやすいのですが、個別の図形にしか対応できません。数学の公式は、次の2つに分類できますね。

・わかりやすいが特定の問題しか扱えないようなもの
・わかりにくいが様々な問題を扱えるもの

 なるほど……。ディープですね……。ふと思ったんですが、これ、4次元だと4乗倍になるという意味になりますか？

 そのとおりです！　私たちの想像を超える世界ですが、もし4次元が存在するとしたら、大きさは4乗倍になります。

 ドラえもんのポケットは、やっぱりものすごく大きかったんですね……。

マリのmemo

・「三角形を2倍に拡大したら面積は4倍になる」というのは具体的な事実。具体的な事実はわかりやすいが、特定の問題しか扱えない。
・「d次元の図形をk倍に拡大したら大きさはk^d倍になる」というのは一般化された事実。一般化された事実は一見わかりにくいが、様々な問題を扱える。

【錐の体積】

なぜ、三角錐の体積は 「底面積×高さ÷3なのか」?

 「錐体」とは?

 「立体」の体積について触れたので、算数の最後の砦である「錐体」の体積に入りたいと思います。

 スイタイって、なんでしたっけ?

 ちょっと耳慣れない言葉でしたね。錐体のルールは、次のとおりです。

≪錐体のルール≫

錐体とは、1つの頂点と平面図形(底面)があるとき、頂点から底面に伸びる線たちによってつくられる立体のこと。

つまり、円錐や三角錐、四角錐といった立体のことを指します。図を見たほうが早いかもしれません。

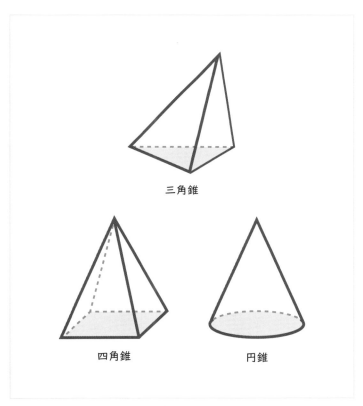

三角錐

四角錐　　　　　　　円錐

 事実を先に紹介すると、錐体の体積は次のように計算できます。

≪錐体の体積の事実≫

錐体の体積 ＝ 底面積×高さ÷３

 思い出しました！　小学校のときにこれを習って、「どうし

て3で割るの？」という疑問が解決されなかったんですよね
……。

この公式の証明は難しいので、多くの算数の教科書でおそらく
省かれていると思いますね。
そこで、これまで扱ってきた事実と、「カヴァリエリの原理」
を使って、できるだけ省略せずにきちんと説明したいと思いま
す。

🔵 「錐体の体積」に挑むための準備

カヴァリエリの原理って……。なんだか、名前からしてめちゃ
くちゃ難しそうな雰囲気ですけど……。

カヴァリエリは、ただの人名です（笑）。カヴァリエリの原理
とは、以下の事実です。

≪カヴァリエリの原理≫

2つの立体 X、Y をある軸に対して垂直な平面で切断す
る。このとき、どこで切っても常に Y の断面積が X の
断面積の α 倍であるならば、Y の体積も X の体積の α
倍である。

つまり、断面積の比率が一定であれば、体積の比率も同じ、と
いうことです。

文字だとちょっとわかりづらいですね……。

 図を見るとわかりやすいと思います。

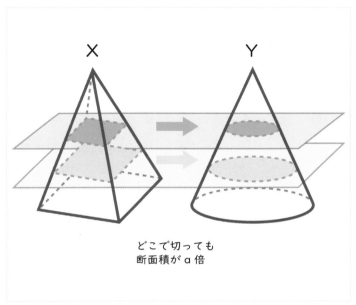

どこで切っても
断面積がα倍

 なるほど！　どこで切っても面積が2倍なら、体積は2倍というわけですね。

 そのとおりです。
カヴァリエリの原理は事実ですが、きちんと証明するのは難しいので、ここでは図による理解に留めておきます。もう1つ、先ほどの図形の拡大の事実も使うので、もう一度書いておきます。

≪図形の拡大の事実≫

どんな d 次元の図形も、k 倍に拡大すると、大きさは「k の d 乗（k^d）倍」となる。

・平面図形であれば、k 倍に拡大すると面積は k^2 倍。
・3 次元の立体であれば、k 倍に拡大すると体積は k^3 倍。

これまでの図形の事実を総決算したような感じですね！　ドキドキしてきました……。

🔵 「錐体の体積の証明」の第 1 段階：特殊な正四角錐

では錐体の体積の公式の証明に入りましょう。3 段階に分けて証明します。まずは第 1 段階。錐体の例として、高さが 1 で、底面の 1 辺が 2 である正四角錐について考えましょう。なお、ここからは cm や cm^2 といった単位は省略します。

2 × 2 の正方形が底面の正四角錐ですね。

はい。まずはこの場合に「体積 ＝ 底面積×高さ÷3」を確認してみます。次の図を見てください。

182

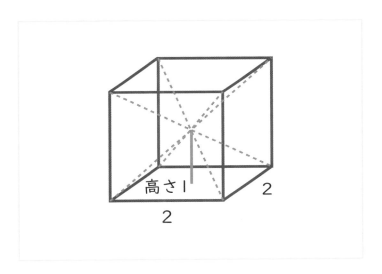

このように、1辺の長さが2である立方体の中心から各頂点に線を引くと、同じ形の正四角錐6個に分割できます。正四角錐の高さは1、底面は1辺の長さが2の正方形です。

 正四角錐の体積はいくらでしょうか？ 公式を使わずに計算してみてください。

 正四角錐6個分が立方体だから、正四角錐の体積は、$2 \times 2 \times 2 \div 6 = \dfrac{8}{6} = \dfrac{4}{3}$ でしょうか？

 そのとおりです。
一方「底面積×高さ÷3」は、$2 \times 2 \times 1 \div 3 = \dfrac{4}{3}$ です。

なるほど。公式を使わずに、「体積 ＝ 底面積×高さ÷3」になることが確認できました。でも、正四角錐でなければ、ここまでピタッと当てはまらないような気が……。

そうですね。ここでは、すべての錐体の体積が「底面積×高さ÷3」であることを証明したいので、もう少し続けます。

 証明の第 2 段階：正四角錐の拡大

では次に第 2 段階。この正四角錐を h 倍に拡大して、その体積を考えてみます。

h 倍に拡大すると、なにがわかるんですか？

先ほど考えた正四角錐は高さが 1 で、底面が 2 × 2 の正方形でした。他の正四角錐の場合にどうなるかを探るために、この正四角錐を h 倍にしてみるのです。

h 倍にした正四角錐でも、「体積 ＝ 底面積×高さ÷3」は成り立っているんでしょうか？

証明します。
まず、h 倍に拡大した図形の体積は、もとの図形の h × h × h 倍になるので、

「体積」$= \dfrac{4}{3}$ (もとの図形の体積)$\times h \times h \times h = \dfrac{4}{3}h^3$
になります。一方、「底面積×高さ÷3」はどうなるでしょうか？

 底面積は、1 辺の長さが $(2 \times h)$ の正方形の面積だから、

$$2h \times 2h = 4h^2$$

で、高さは h だから、次のような感じでしょうか？

$$「底面積×高さ÷3」 = 4h^2 \times h \div 3 = \dfrac{4}{3}h^3$$

 そのとおりです。
高さが h で、底面の 1 辺の長さが $2h$ の正四角錐についても「体積 = 底面積×高さ÷ 3」が証明できました。

 第 1 段階は、特定のサイズの正四角錐。第 2 段階は、いろいろなサイズの正四角錐について、「体積 = 底面積×高さ÷3」を証明したんですね。

🡒 カヴァリエリの原理を使って証明を完成させる

 正四角錐以外だと、どういう証明になるんですか？

最後の第3段階です！

ここから先はちょっと難しいので、頑張ってついてきてください。どんな錐体 Y に対しても、「体積 = 底面積×高さ÷3」であることを証明します。

まず、Y の底面積を S、高さを h とします。さらに、第2段階で使った、「高さが h で、底面が 2h × 2h の正四角錐」を X として、X と Y にカヴァリエリの原理を使います。

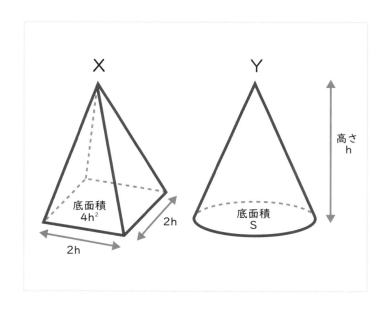

 カヴァリエリの原理は、どこで切っても「Y の断面積が X の断面積の a 倍」であるならば、「Y の体積も X の体積の a 倍である」ですよね。

186

はい、じつは、どこで切っても「Y の断面積が X の断面積の $\frac{S}{4h^2}$ 倍」になっています。

 Y の底面積が S で、X の底面積が $4h^2$ なので、底面部分では、たしかに断面積は Y が X の $\frac{S}{4h^2}$ 倍になっています。

 そのとおりです。底面積以外の部分でも、たとえばちょうど真ん中の部分では、Y の断面積が $\frac{S}{4}$ で、X の断面積が h^2 なので、たしかに断面積は Y が X の $\frac{S}{4h^2}$ 倍になっています。

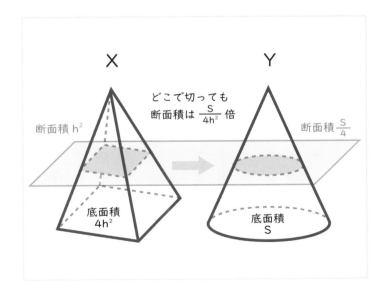

なんで、真ん中では Y の断面積が $\frac{S}{4}$ で、X の断面積が h^2 なんですか？

 真ん中での断面は、底面の図形を $\frac{1}{2}$ 倍に拡大したものなので、面積は $\frac{1}{2} \times \frac{1}{2} = \frac{1}{4}$ 倍になるのです。

 なるほど。底面と真ん中では、断面積は Y が X の $\frac{S}{4h^2}$ 倍であることがわかりました。

 他の部分で切っても、同じように拡大して考えることで、断面積は Y が X の $\frac{S}{4h^2}$ 倍であることがわかります。よって、カヴァリエリの原理を使うと、Y の体積は、X の体積の $\frac{S}{4h^2}$ 倍になります。

さらに、X の体積は第 2 段階で計算して $\frac{4}{3} \times h^3$ だったので、次のようになります。

$$\text{Yの体積} = \text{Xの体積} \times \frac{S}{4h^2}$$
$$= \frac{4}{3} \times h^3 \times \frac{S}{4h^2}$$
$$= S \times h \div 3$$

 底面積×高さ÷ 3 になりました！

 カヴァリエリの原理は、どのような底面の錐体でも同じように

使えるため、円錐、三角錐などであっても、

> **錐体の体積 ＝ 底面積 (S) ×高さ (h) ÷ 3**

だといえるのです。

 けっこう難しかったのですが……、式でもしっかり証明できていたのがわかりました！
これで、迷わず「底面積（S）×高さ（h）÷ 3」で計算ができそうです。

マリのmemo

・三角錐や四角錐、円錐の体積が「底面積×高さ÷ 3」
　で計算できることが証明できた。

【一筆書き】

24

なぜ、「田」という漢字は
一筆書きできないのか？

可能かどうかが一発でわかる「一筆書きの事実」

 やっぱり図形は、なかなか手ごわい単元でしたが、小学生時代よりも理解がより深まった感触があります。

 それはよかったです。では、これまでとは少し趣向を変えて、「一筆書き」についてお話しして図形を締めましょうか。

 えっ？　一筆書きって、一度引いた線を戻らずに書くことですよね？

 そうです。知育教材や脳トレなどでも楽しまれていますよね。

 一筆書きと算数って、なにか関係があるんですか？

 「ある字が一筆書きできるかどうか？」を判別するときに、数学的なアプローチをすることができるんです。

 へー！　なんだか面白そう！

一筆書きのルールは、次のとおりです。

≪一筆書きのルール≫

紙から筆を離さず、図形のすべての線をなぞることを「一筆書き」とする。ただし、同じ線を2回以上通ってはならず、線からはみ出てはいけない。

たとえば、「口」と「日」という漢字を一筆書きすると、それぞれ図のようになります。

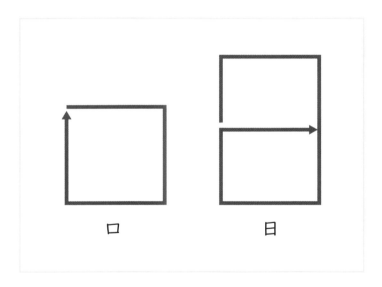

口　　　　　　　　　日

はい。これは簡単ですね！

🌀 「田」は一筆書きできるか？

 では、「田」という字は、一筆書きできるでしょうか？
じつは、これは私が幼稚園時代に出会って悩んだ記憶がある思い出深い問題です。

 せめて、幼稚園生の先生には勝ってみたい！
やってみます！

-----5 分経過 -----

 できません……。

 じつは、「田」という漢字は一筆書きできません。

 えーっ!? 5分も頑張ったのに！ マスオ先生ヒドイ！ どんなに頑張っても本当にできないんですか？

 はい、「田」という漢字は一筆書きできないことが証明できます。

 でも、一筆書きできないことってどうやって証明するんですか？ すべての方法を試してできないことを確認するのでしょうか……？

 じつは、すべての方法を試さなくてもわかる方法があるんです。以下が、一筆書きの事実です。

≪一筆書き不可能の事実≫

ある図形を一筆書きする際、交差点（3つ以上の線が集まる点）の中で、奇数本の線が集まるものが3つ以上であれば、その図形は一筆書きできない。

 この事実を使うと、「田」が一筆書きできないことがわかるんでしょうか？

 はい。田の場合を見てみましょう。

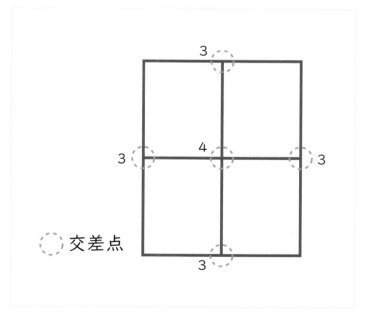

「田」の場合、次のことがわかりますね。

> ・3つの線が集まる交差点が、4つ。
> ・4つの線が集まる交差点が、1つ。

よって、奇数本の線が集まるものが4つあるので、「田は一筆書きできない」と判断できます。

 なるほど、「一筆書き不可能の事実」を使うと、「田」が一筆書きできないことがわかりました！　でも、「一筆書き不可能の事実」はどうして成立するんですか？

 事実の理由が気になるのは素晴らしいことです！
証明を簡単に説明すると、次のようになります。

> ①一筆書きの途中で交差点を通過する場合、「その交差点に向かうときに使う線」と「その交差点から出ていくときに使う線」の2本を必ずペアで使う。
> ②よって、奇数本（たとえば5本）の線が集まる交差点は、途中で何回か（たとえば2回）通過しても1本線が余ってしまう。
> ③ただし、スタートとゴールだけは特別で、使う線は1本だけ。

つまり、スタートとゴールの2箇所だけは「奇数本の線が集まる交差点」であってもよくて、それ以外に「奇数本の線が集まる交差点」がある場合は、一筆書き不可能になります。

 なんとなくわかりました。一筆書き不可能の事実を使うと、すべての方法を試さなくても、各交差点に集まる線の数を数えるだけで、一筆書きできないことがわかるんですね。

 はい。じつは、「一筆書き不可能の事実」と似ていますが、以下のような「一筆書き可能の事実」も成立します。

> ≪一筆書き可能の事実≫
>
> ある図形を一筆書きする際、交差点（3つ以上の線が集まる点）の中で、奇数本の線が集まるものが <u>2つ以下</u> であれば、その図形は一筆書きできる。

 奇数本の線が集まるものが「2つ以下」なら一筆書き可能、「3つ以上」なら一筆書き不可能なんですね！

 はい、そのとおりです。実際に、一筆書き可能だった「日」という字で確認してみましょう。

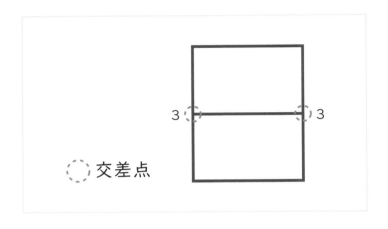

○ 交差点

すると、3つの線が集まる交差点が2つであることがわかり
ます。したがって、奇数本の線が集まる交差点が2つなので、
日は一筆書きできると判断できます。

 なるほど！　いろいろ書いて試さなくても、奇数本の線が集ま
る点を数えれば、一筆書きできるかどうかがわかるんですね！

 はい、そのとおりです。「図形の拡大」でもお話ししたとおり、
法則を抽象化して「事実」を導き出せれば、すべての問題に対
して解法を1つひとつ覚える必要がなくなります。つまり、応
用が利くということですね。

> **マリのmemo**
> ・一筆書きできるかどうかの判定は、奇数本の線が
> 　集まる点の数を数えればよい。

第 3 章

「努力で解ける問題」と
「才能が必要な問題」

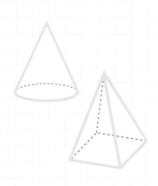

【算数学習法】

25 「数学が得意な人」は、いったいなにが違う？

 「問題が解ける＝数学的センスがある」ではない？

 1章と2章では、算数で習う基本的な内容について「ルール」と「事実」を意識しながら説明しました。マリさん、改めて算数を勉強し直してみて、いかがでしたか？

今までモヤモヤしていた算数の謎が一気にスッキリしました！算数や数学は、ルールと事実を1つひとつ積み上げていくことで、数学的なセンスがない人でも理解できるようになっているんですね！

 そうですね。小学校の授業は、相手が子供ですし、時間的な制約もあるので、ある程度、ごまかしが入ってしまうのは仕方がないと思います。今回改めてじっくり勉強したことで、「ルール」と「事実」について区別して考えられるようになったと思います。

 いろいろな「ルール」や「事実」について、なんとなくではなく、自信を持って理由を説明できるようになりました！
ところで先生、算数や数学について、もう1つ疑問があるんです。

なんでしょうか？

 「数学の問題が解ける人」になるにはどうすればよいんでしょうか？　数学は、他の教科と違って努力してもなかなか点数が上がらなかったんですよね～。頑張っていろいろな公式を暗記したのですが……。やっぱり、私に「数学的センス」がないからでしょうか？

 いいえ。「数学の問題が解ける人」と「数学的センスがある人」は、必ずしもイコールではありません。

 センスがなくても数学の問題は解けるんですか？

 問題によります。数学的なセンスがなくても、「努力で解ける問題」もあります。一方で、「才能が必要な問題」もあります。
「数学は暗記科目なので努力だけで決まる！」　とか、
「数学は才能だけで決まるから努力しても意味ない！」
のように、どちらかに偏った意見を持ってしまうのは違うかなと思っています。

 両方あるんですね……。詳しく教えて下さい！

 それでは、3章では、「努力で解ける問題」と「才能が必要な問題」の違いを意識しながら、数学の問題を解けるようにするにはどうすればよいのか、説明していきますね。

数学の「問題」は、大きく 3 つに分けられる

数学のテストなどで出題される問題は、大きく「努力で解ける問題」と「才能が必要な問題」の 2 つに分けられるんです。さらにもう少し細かくすれば、次の 3 種類に分けられます。

①典型的な問題
数学的な知識を問う、いわゆる頻出問題。典型的なパターンを覚えておけば、数値などを入れ替えることで解くことができる。

②「典型的な問題」の応用
典型的な問題で登場した知識を活用して、別のパターンの問題への対応力を問う問題。

③典型的ではない問題
「数学的発想力」が問われる問題。数学的なひらめきがなければ、どんなに知識の量があっても解くことができない問題。

このカテゴリーの中で、①は、努力すれば必ず解けるようになる問題です。
②は、努力で身に付けた知識を他の問題に応用できるように抽象化する力を身につければ解けるようになります。
一般的な試験問題では、基本的には①〜②の問題を中心に出題される傾向があります。

③の問題というのは、あまり出題されないんですか？

 ③は、「謎の発想」がひらめかない限り解けない問題です。数学的に常人を超える発想力を持つ人を探していない限り、基本的に出題されません。

 じゃあ、③の問題はあまり気にしなくてもいいんですか？

 とりあえずは①と②のほうが大事ですね。①〜③を図で表すとこんな感じです。

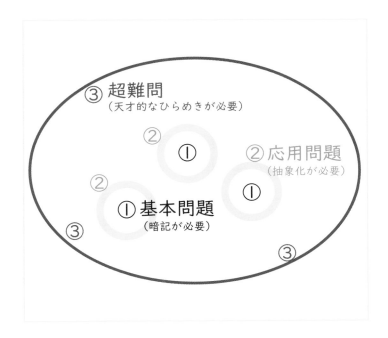

①のカテゴリーの問題というのは、図のように、点でちりばめられた数学の知識を1つひとつ埋めていくことで、解けるようになります。

「数学は暗記教科だ」といわれるのは、こういう問題が多く出題されるからなんですね。

②の応用力が必要な問題というのは、①と異なりますが、①の知識を応用したり組み合わせたりすることで解けるような問題です。②のような問題は、**知識を抽象化して記憶する力**が必要です。

知識を抽象化して記憶する力……？

一筆書きの例でいうと、「日は一筆書きできる」や「田は一筆書きできない」のような具体例に対する知識ではなく、「奇数本の点が3つ以上だと一筆書きできない」のような抽象化した知識を記憶しておく力です。

抽象化した知識を記憶しておくと、「日」や「田」以外の図形に対しても、一筆書き判定ができますもんね。

そのとおりです。①の問題で得た知識を抽象化して覚えておけば、類似問題②が登場したときにそれを使えます。
問題1つひとつの結果を暗記するだけでは、1つの問題しか解

けませんが、知識を抽象化しておけば、より多くの問題が解けるようになります。抽象化する力を養わないと、1問1問すべての問題をそのつど勉強する必要があるので、勉強がとても辛くなってしまいます。

なるほど……。ということは、①をベースに、②の問題が解けるようになるのが理想型なんですね。

よく「数学は暗記だ」という人がいますが、実際はその人にある程度、抽象化する力がある場合が多いと思います。無意識に②の問題が解けてしまうために、「暗記だ」ということができるのではないでしょうか。

数学の問題は、暗記力だけでも、応用力だけでもダメなんですね！

やはり、難関校に出題されるレベルの問題を解くことを目指すのであれば、暗記と応用の総合力が必要だと思っています。知識がなくては、応用力も限定されてしまいますからね。

ちなみにですが、③の問題は、先ほどの図ではどういう位置にあるんですか？

③の問題は、たとえば点の集団からかなり外れたところに存在するようなイメージですね。

③のような問題は、1つひとつまったく傾向が違うので、一般的な対処方法がありません。学習で得た点をできるだけ広げて、「解ける③の中でも比較的②に近い問題」に当たったときに、それを逃さない、ということくらいしかできないのかな、と思います。

 なるほど～。「数学の力」を身につけるには、どんな問題で練習するのがいいんでしょうか？

 やはり「①の問題で知識を増やす」「②の問題で応用力を強化する」の両方が大切だと思います。
この章では、①～③がどんな問題なのかをみながら、数学の正しい勉強方法を探りましょう。

 本格的な数学の問題って、ちょっとワクワクしますね……。ぜひ教えてください！

26

【連続した数の足し算】

「1+2+3+…+99+100」を素早く計算する方法

🍃 「典型的な問題」とは、どういう問題か

 手始めに「①典型的な問題」の例から見てみましょう。

 知っていれば解ける、という頻出問題ですね！

 パターンを知っていれば、発想力がなくても解ける問題として、わかりやすい問題です。

問題

1 + 2 + 3 + … + 99 + 100 を計算しなさい。

 えーっと……、これ、100 回も足し算するなんてかなり大変ですよね……。処理能力を問う問題ですか？

 これは「1 から n までの整数をすべて足す」という有名問題です。
答えとしては有名な解法があり、次のように簡単に解けます。

【解法】

1 から 100 までを、前と後ろから 1 つずつペアにして加算する。

→各ペアを足した答えはすべて「101」になる。

$1 + 100 = 101$
$2 + 99 = 101$
$3 + 98 = 101$
$\vdots$
$49 + 52 = 101$
$50 + 51 = 101$

50 個のペアができるので、
$50 × 101 = 5050$

以上で完了です。

 すごい……。でも、たしかに知っていれば一瞬で解けてしまいますね！

 この問題は、今では有名問題なので、きちんと勉強をしている受験生などは、数学のセンスがなくても解けてしまうでしょう。

 そうですね。これからは私でも解けます！

逆に、この解き方を知らずに、いきなり短時間で解くというのはなかなか難しいと思います。

19世紀の有名な数学者であるガウス（1777–1855）は、小学生のときに先生からこの問題を出されて、即座にこの方法で解いて驚かせたといわれています。

 偉人の逸話として出てくるレベルの話なんですね……。

 これを初めて見て解けてしまう人も存在しますが、偉人レベルのセンスがなくても、解き方を知っていれば、こうした問題を解くことはできます。

 いろいろな問題に触れることで、解ける問題が増えるという典型的な例ですね。

マリのmemo

・典型的な問題は、勉強して解き方を覚えておくことで、天才でなくても解ける。

・数学は暗記だけではないが、典型的な問題に対しては暗記が大事。

【等差数列の和】

27

「3+7+11+…+39+43」 を素早く計算する

 「典型的な問題の応用」とは?

①の問題では、「頭とお尻でペアをつくる」ということを知っていれば、簡単に解くことができました。
次は、その応用問題を紹介します。

知識を抽象化して、応用する力が試される問題ですね。

先ほどの知識を活用することで、下記のような問題も解けるようになるのが理想です。

問題

3 + 7 + 11 + … + 39 + 43 を計算せよ。

 数字が飛んじゃっていますね。これじゃあ、さっきの方法で解くことができないじゃないですか!

 高校数学の等差数列を覚えている人にとっては、先ほどの問題と難易度は変わらないと思います。
初見の人の場合、先ほど勉強した知識を少し応用して解く必要があります。

【解法】

$3 + 7 + 11 + \cdots + 39 + 43$

先ほどと同じように「頭とお尻でペアをつくる」

$3 + 43 = 46$

$7 + 39 = 46$

$11 + 35 = 46$

$15 + 31 = 46$

$19 + 27 = 46$

→ 23 が残る

11 個なので 5 つペアをつくることができ、真ん中が 23 なので、

$46 \times 5 + 23 = 253$

これで、簡単に正解を求められます。

 なるほど～！　一瞬、1 つずつ全部を足しちゃおうかと思いましたが、やはりこれもシンプルに計算できてしまうんですね。

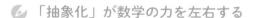 「抽象化」が数学の力を左右する

 この問題を「難しい」と思った人もいるでしょうし、「1 から 100 までの足し算と同じ」と感じた人もいると思います。

 1 から 100 までの足し算と同じ？

前回の問題の解法を見て「1 から 100 までの和は頭とお尻をペアにして計算するとよい」と捉えるのか「一定の数ずつ増えていく数の和は頭とお尻をペアにして計算するとよい」と捉えるのか、の違いです。後者のように抽象化して捉えられていれば、2 つの問題は同じように見えるはずです。

 「一定の数ずつ増えていく数の足し算」という捉え方をしていたら、「頭とお尻でペアをつくってみよう」と考えられるわけですね！

 「1 から 100 までの足し算」とは違っていても、「同じような解き方を使って解いてみる」ことで、解法を導けます。

 1 つの問題の解き方をもっと多くの問題の解き方に広げる力が数学の「応用力」なんですね！

 そのとおりです。このように、1 つの問題と解き方を抽象化して覚えることで、様々な問題に対応できるようになるんです。

マリのmemo

・1 つの問題の解き方をそのまま覚えるのではなく、多くの問題に対応できるように抽象化して考える力が「応用力」。
・数学では暗記と応用力の両方が大事。

28 あなたは、「この補助線」に気付ける？

 「典型的ではない問題」とは、どんな問題か

 数学の力をつけるには、やっぱりしっかりと問題に向き合うことが大切なんですね！

 よほどの難関校を目指さない限り、基本的には①を勉強しながら、②のような問題が解けるように、持っている知識を広げて考える心構えが大切だと思います。

 でもそういうのって、やっぱり数学的なセンスがないと難しいんじゃないでしょうか？

 点の知識を広げるには、応用力が必要なのはたしかです。ただ、知識の延長線上にあるので、努力次第でなんとかなります。本当の意味で数学的なセンスが必要な問題というのは、②とは別の難しさがあるんですよ。

 えーっ!?　それはどんな問題なんですか？

 そうですね、たとえばこんな問題です。

問題

図において、角 x の大きさを求めよ。

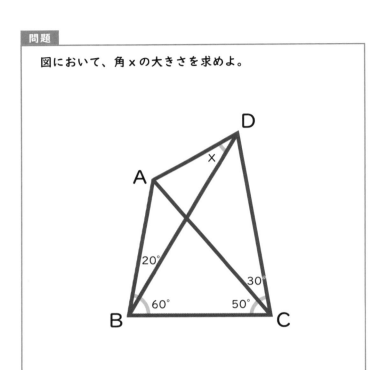

 ん？　えーっとこれって平行四辺形でも台形でもない、普通の四角形ですよね？

 そうですね。したがって、平行線の錯角や、三角形の合同なども使えません。

四角形の中の三角形の角度の情報も不十分だし、これだけで答えが出せるわけないですよ！

これは「ラングレーの問題」といわれる有名な問題で、普通では思いつかないような補助線を引くと、答えが「30°」になることがわかります。

まず、CD 上に、∠ EBC = 20°になるように点 E を取ります。

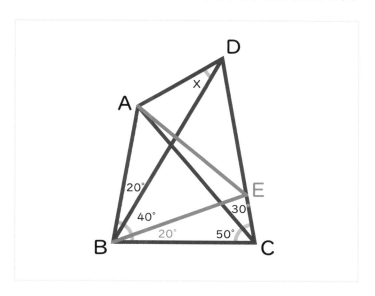

はい？　なんでこんな変なところに点 E を取るんですか？

いわゆる「天才のひらめき」でしょうか。変なところに見えますが、こうするとうまくいくんです。

次に、この点 E に向かって補助線を引き、できた線分を AE、BE とします。すると、BC = BE になります。

 ……、なんででしょうか？

 まず、∠ BCA が 50°、∠ ECA が 30°なので、合計した角の∠ BCE は 80°となります。

三角形 BCE として見てみると、∠ CBE ＋ ∠ BCE = 100°です。

三角形の内角の合計は 180°なので、**∠ BEC = 80°** となります。

 ということは、三角形 BCE は、2 つの角がそれぞれ 80°、ということになりますね。

 よく気付きましたね。

つまり、∠ BCE = ∠ BEC = 80°なので、**BCE は二等辺三角形**となることがわかります。

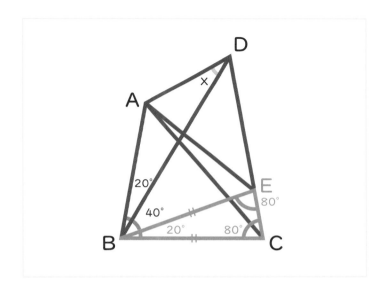

次に、三角形 ABC に注目してみます。三角形 ABC では、
∠BCA = 50°、∠ABC = 80°なので、三角形の内角の和の
事実から、**∠BAC = 50°** となることがわかります。

 ここでも、**∠BCA = ∠BAC = 50°**なので、**三角形 ABC が二等辺三角形**だということがわかるんですね！

 そのとおりです。
よって、**AB = BC** だということもわかります。よって、上の
2 つから AB = BE となります。

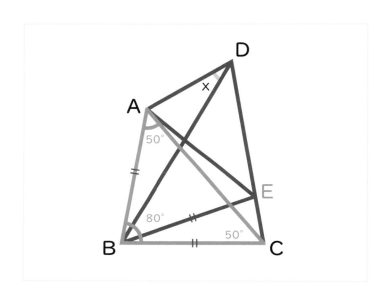

 えーっと？　三角形 ABC が二等辺三角形だから……。

 三角形 ABC は二等辺三角形なので、AB = BC、三角形 BCE も二等辺三角形なので、BC = BE。つまり、AB = BC = BE が成立します。

 な、なるほど……。

 次に、三角形 ABE を見てみます。

AB = BE なので、三角形 ABE は、AB = BE の二等辺三角形 です。

しかも、頂角である∠ ABE = 60°なので、三角形 ABE は、

正三角形であることがわかります。

ついに正三角形まで登場しちゃうんですね……。

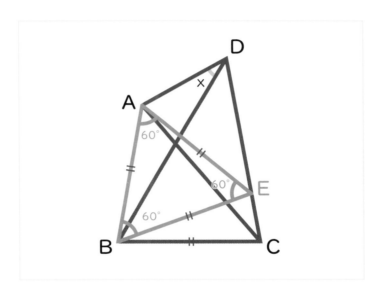

ここで、今度は三角形 BCD に注目します。

すると、∠ BDC = 180°－(60°＋80°) = 40°ということがわかります。

これによって、∠ EBD = ∠ EDB = 40°となるので、三角形 BDE は、BE = DE の二等辺三角形だということがわかります。

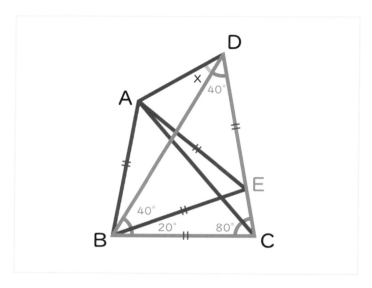

ここで、等しい長さの辺を整理すると、AB = AE = BE = DE = BC という関係になっていることがわかります。

 この問題の図形ってすごく特殊な形だったんですね……。

 この中で、特に AE = DE に注目してみます。
∠BEC = 80°、∠BEA = 60°であり、半周分の角度は180°なので、
∠AED = 40°となります。
そこで、AE = DE であることから、**三角形 EAD は頂角が40°の二等辺三角形だ**とわかります。

おぉぉ〜。となると、他の2つの角度もわかっちゃうわけですね。

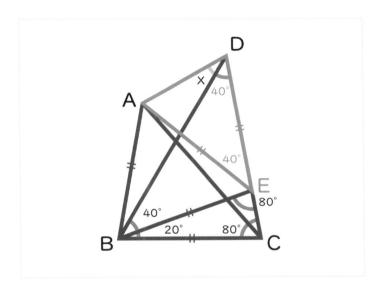

 よって、∠ADEは、頂角が40°である二等辺三角形の底角です。また、二等辺三角形の底角はそれぞれ等しいので、

$$(180° - 40°) ÷ 2 = 70°$$

つまり、∠ADC = 70°になります。

ほとんどの角度がわかってきましたね！　あとはなにがわかれ
ばいいんですかね……？

 これで、やっと頂上にたどりつきます。
x の角度は、∠ ADC から∠ BDC を引いた値になります。
∠ BDC の角度は、40°とすでに計算していたので、
x ＝∠ ADC －∠ BDC ＝ 70°－ 40°＝ 30° になります。

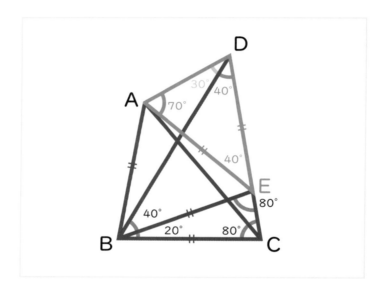

「典型的ではない問題」は、
できなくても仕方がない

 さすがに、この問題は大変でしたね！

これはキツすぎです……。後で4回くらい読み直します（汗）。

たしかに、非常に複雑な作業でした。
しかし、もう一度、冷静に見直してみてください。**基本的には算数の知識だけで解けてしまう問題**ですよね？

そういえば、そうですね！
使った知識といえば、二等辺三角形や正三角形の条件など、算数の事実だけでした。

この問題が超高難易度となっている理由は、ヒントがほぼゼロの状態で、「点Eを打ち、そこに2つの補助線を引く」という離れ業が必要だからです。

あらゆる選択肢がある中で、なぜ点Eなのか、という理由が、ほとんど後づけでしかわからないんですよね……。

そのとおりです。普通の人にとっては、補助線を引いた段階では、そこから答えが導き出せるかどうかはわかりません。

まったくの「謎の線」なのに、進めていくと、一気に答えが導き出せる……。

こういった「謎の線」は、数学的なセンスが備わっていないと、なかなか思いつくことができないと思います。

マスオ先生くらいにならないと、やっぱり難しいということで
しょうか……。

いえ、私も初見では解けませんでした。
私の場合、図形問題が好きだったこともあって、中学生のとき
にラングレーの問題に出会ったのですが、「なんであんな補助
線引くの！」と思いました。
ちなみに、ラングレーの問題は、問題文の角度の数値を変える
ことで、いろいろな問題をつくることができます。今回は、そ
の中でも比較的解き方が短いものを選んでいます。

ものすごい世界ですね……。

といっても、よほど特殊な状況でなければ、このような問題は
出題されることはありません。
一般的な大学入試は「天才的なひらめき力」ではなく「高校レ
ベルの数学的な学力」を測るためのものだからです。

じゃあ、あまりこうした問題を頑張る必要はないということで
すか？

そうですね。
③は、イメージ的には、数学オリンピックを目指すような世界
の問題です。一般的には、①の頻出問題や②の応用問題で力を
つけていくのがよいと思います。

③のような発想力勝負の問題が解けなかったからといって、落ち込む必要はまったくありませんよ。

 よかった～！

マリのmemo

・ラングレーの問題のように、典型問題の暗記＋応用力では太刀打ちできない難問もある。

・そのような難問は一部の天才しか解けないので、解けなくても落ち込む必要はない。

【数列の一般項】

「1,1,2,3,5」の
次の数字は？

 IQ テストにも出る、数列問題

 ここまでで、
①典型的な問題
②典型的な問題の応用
③典型的ではない問題（発想力が必要な問題）
の 3 種類を、それぞれ見てきました。

 ③を解くときに必要な発想力という意味では、IQ テストのような問題もあったりしますよね。数が並んでいて、次の数を予測しろ、みたいな……。

 数列の一般項を求める問題ですね。小学校の低学年くらいのときに、クイズ番組で観た問題があって、懐かしいので出題させてください。

 どんな問題なんですか？

 次のような問題です。

問題

| I, I, 2, 3, 5,… と続く数があったとき、次に並ぶ数字は？ |

 うわー！　発想力が必要な問題じゃないですか、これ（汗）。

 たとえば、上の式を「前の数字を2つ足したものを次の数字とするような数列」と考えることができます。

 えっ？　どういうことですか？

 先頭から1つずつから見ていきましょう。

【解法 I】
I, I, 2, 3, 5, …
I＋I＝2 ← I番目と2番目を足すと3番目になる
I＋2＝3 ← 2番目と3番目を足すと4番目になる
2＋3＝5 ← 3番目と4番目を足すと5番目になる
3＋5＝8 ← 4番目と5番目を足すと6番目になるはず

つまり、答えは「8」となります。

うーん、こういうのを、一度あっさりと解いてみたいです
……。

ちなみに、こういった数列のことを「フィボナッチ数列」とい
います。
フィボナッチ数列の知識がない状態で気がつくことができた
ら、なかなか頭が柔らかいと思いますよ！

こういう数列を見ると、高校のときにかじった数列の式に当て
はめたくなっちゃいますけど、公式が思い出せませんでした
……。

数列の発想に至ったのは正しいです！
じつは、この問題にはちょっとした注意点があって、それが数
列に関することなんですよね。
ちょっとひねくれた別の考え方を紹介します。

【解法 2】
高校数学の知識だが、この数列を関数として捉えるこ
ともできる。
たとえば、並べられる順番を x、並べられる数字を y と
して、対応関係を書いてみる。

```
x = 1 のとき、y = 1
x = 2 のとき、y = 1
x = 3 のとき、y = 2
x = 4 のとき、y = 3
x = 5 のとき、y = 5
```

問題文には特に条件が書かれていないので、この 5 点を通るもっともシンプルな関数、つまり 4 次関数として数列を捉えることも可能です。

一見、数列の問題なのに、関数でも考えられてしまうのは面白いですね！

問題文では、「どのような数列であるか」という条件が書かれていません。
そのため、4 次関数による考えを、真っ向から否定することはできないはずです。

それで、どんな関数になるんですか？

5 つの点を通る 4 次関数を頑張って計算してみると、次のようになります。

$$y = \frac{1}{12}x^4 - x^3 + \frac{53}{12}x^2 - \frac{15}{2}x + 5$$

複雑な式になりました。数列の 6 番目の数字を求めたいので、この式に x = 6 を代入すると、y = 11 となります。

つまり、フィボナッチ数列とは別の答えである 11 が導き出されるわけですね。

もちろん、解法 2 はちょっと屁理屈っぽい、意地悪な答えの出し方です。しかし、これにバツをつける正当な理由もありません。
数学の試験問題というのは正解が 1 つでなければ得点にならないシステムなので、やはり正解が 1 つしか出せない試験問題を出す必要があります。

きちんとした数学の問題をつくるのってけっこう手間がかかるんですね。

算数や数学の教科書は、このようなひねくれた反論から逃れるために、細かい説明を長々としたり、逆にあえて説明をぼかしたり、省略したりしている部分があるように思います。それが、教科書がわかりにくくなっている原因の 1 つだと思うんですよね。

数学の細かい議論ができる人というのは、物事の例外や粗探しが得意な人が多いと思います。

あー。わかります！　日常会話でも、適当なことを言うと、いや、この場合は違うよねってひねくれた批判をするようなイメージがあります。

ひねくれた批判は、日常生活ではネガティブなイメージがありますが、数学の理論をつくるときには大事だったりします。粗探しが得意な人は、細かい穴をしっかり見抜くことができるんです。

このフィボナッチ数列の問題でも、解法2を先生が「間違い」と弾いてしまうと、数学的な学びの機会を損失してしまうと思うんですよね。

それ、まさしく私が小学校のときに苦しんだ理由そのものです……。

今回、先生の授業を受けて、改めて数学の楽しさを実感することができました！

マリのmemo

・IQテストなどでみかける「次の数字を求める問題」
　には複数の答えが考えられる。
・ひねくれた屁理屈っぽい解法も、数学的に間違い
　がなければ立派な正解。

 「処理能力を問う問題」もある

 ここまでの内容を整理しましょう。

> ①「典型的な問題」で知識を身につける。
> ②「典型的な問題の応用」で応用力を身につける。知
>   識と応用力の両方が必要
> ③「典型的ではない問題（天才的なひらめきが必要な
>   問題）」は解けると楽しいけど受験ではあまり必要ない

 本当に、受験では天才的なひらめきは必要ないんですか？

 基本的には、一般的な学力テストで測りたいのは、カリキュラ
ムに沿った知識に関する学力です。
③のような天才的なひらめきが必要な問題は、そもそも学校の
カリキュラムの外にある種類のものなので、一般的な試験で出
会うことはまずありません。

 なるほど……。でも東大クラスだと③のような天才的なひらめ
きも必要になるんでしょうか？

あくまで私の個人的な感覚ですが、東大でも③のような問題は近年はあまりみかけません。

意外ですね。東大は、そこまで発想力を求めないんですか？

東大の場合、すごい発想力よりも、処理能力が求められるという意味で難しい問題が多いと思います。

処理能力が求められる？

問題の分類としては①や②であっても「答えにたどりつくまでに、たくさんの計算や場合分けが必要になる」ような問題です。このような問題は、解き方を思いつくのは難しくなくても、答えにたどりつくのが大変です。「多くの計算や場合分けを素早く正確に処理する能力」が必要になります。

「処理能力」とは「多くの計算や場合分けを素早く正確に処理する能力」のことなんですね。処理能力が必要な問題にはどんなものがあるんでしょうか？

ここで東大の問題を解説することはできませんが、このような能力が必要な問題の例を見てみましょう。

「処理能力を問う問題」とは、どういうものか？

問題

4 を 4 つと四則演算を使って 0 から 9 をつくりなさい。

これまでのパターンだと、思いがけないショートカットがありましたが、今回は雰囲気的に……。

はい。たしかに、もうやってみるしかないんですね。0 から 9 は以下のようにできます。

$$4 - 4 + 4 - 4 = 0$$
$$(4 \div 4) + 4 - 4 = 1$$
$$(4 \div 4) + (4 \div 4) = 2$$
$$(4 \times 4 - 4) \div 4 = 3$$
$$(4 - 4) \times 4 + 4 = 4$$
$$(4 \times 4 + 4) \div 4 = 5$$
$$(4 + 4) \div 4 + 4 = 6$$
$$4 + 4 - (4 \div 4) = 7$$
$$4 + 4 - 4 + 4 = 8$$
$$4 + 4 + (4 \div 4) = 9$$

4を4つ使って10はつくれないんですか?

 そうですね。四則演算だけでは10はどうしてもつくれないと思います。ただ、これを証明するのはとても大変です。
「つくれること」を証明するのは、実際にやってみればよいのですが、「どうしてもつくれないこと」を証明するには、あらゆる計算パターンをすべて試して確認する必要があるので、とても手計算ではやっていられません……。

 この問題は「処理能力を問う問題」なんですか?

 この問題を、「とにかくいろいろなパターンを試して、1〜9になる式を見つける問題」とみなせば、「処理能力を問う問題」と言えるでしょう。

 たしかに、いろいろなパターンを素早く計算する能力が必要そうですね。

 一方で、発想力がある人は、いろいろなパターンを試すときに、「明らかにダメなパターンを試さない」ことや「うまくいきそうなパターンを優先的に試す」ことができるでしょう。つまり、この問題は③の「発想力が必要な問題」と考えることもできます。

 たしかに……。

つまり、本章で紹介した問題の分類①～③は絶対的なものではなく、この問題のように明確に分類できない場合もあります。

この問題を、①の中で「処理能力を問う問題」だと思う人もいれば、③だと思う人もいるわけですね。

そのとおりです。ある問題が①～③のどこに入るのかは、人によって感じ方が異なる場合があります。ただし、「①典型的な問題」「②典型的な問題の応用」「③典型的ではない問題」という３種類が存在することと、それぞれを解くために「知識」「応用力」「発想力」が必要、ということはいえると思います。

数学の問題が解けるようになるためには

処理能力が必要な問題を解けるようになるためには、どうすればよいんでしょうか?

基本は練習あるのみですね。①や②の問題をたくさん解いていると、処理能力は自然に上がっていきます。
あとは、普段から「処理能力は重要である」と意識することです。計算ミスをしたときに、「解き方はわかっていたから正解したようなもの」と言い訳せずに「自分には処理能力がなかった」と反省する必要があります。

なるほど……。計算ミスで解けなかったときに「やり方はわかっていたんだから復習しなくていいか～」で済ませずに、反省して計算ミスの原因を考えれば、処理能力も上がりそうですね。

そのとおりです。最後に、この章の内容をまとめます。数学ができるようになるために、以下の4つを意識しておくとよいでしょう。

> 「暗記は必要」
> 「応用力（抽象化する力）も必要」
> 「処理能力も必要」
> 「天才的なひらめきはなくても、受験レベルならなんとかなる」

数学ができるようになるためにはいくつかの要素があるんですね。数学の世界は本当にディープなんですね。算数だけでも、じっくりとその世界に浸ることができました！

おわりに

　本書のねらいは、主に以下の2つです。

1. 小学校の授業ではごまかされていた、算数におけるルールや事実を、他人に説明できるレベルできちんと理解してもらうこと。
2. 数学を専門レベルで取り組んでいる人の考え方の一端に触れてもらうこと。

　特に、1を実現するために、「ごまかさないこと」と「わかりやすいこと」の両立を目指しました。
「ごまかさないこと」と「わかりやすいこと」の両立は、私が普段から意識していることでもあります。
　数学では、1箇所でも議論が破綻していると、結論も崩れてしまい、全体としての価値が0になってしまうことが多いので「ごまかさないこと」は非常に重要です。
　一方で、私は「わかりやすいこと」も同じくらい重要だと考えています。いくら厳密であっても、難解で理解できなければ、読み手にとってはなんの価値もないからです。
　算数を題材に、「ごまかさないこと」と「わかりやすいこと」を両立するのは、非常に面白く難しい挑戦でした。試行錯誤を重ね、それなりに両立できたのではないかと自負しています。
　つまり、ある正の定数 c が存在して、算数を題材にした本の中で、「わかりやすさ」＋ c ×「ごまかしの少なさ」が最大である本になったのではないかと思っています。
　一方で、上記の c はそこまで大きくないため、数学を専門に

している方にとっては「ごまかし」が残ってしまったように感じられるかもしれません。

たとえば、本書では公理と定義のニュアンスの違いなどには触れず、大雑把に「定義」のことを「ルール」と呼び、「定理」のことを「事実」と呼びました。

また、2章では「正方形何個分の広さか？」を面積の定義とし、長方形の面積はそこから導かれる定理としましたが、長方形の面積は縦×横で定義するほうが一般的でしょう。しかしながら、「ごまかさないこと」をこれ以上追求すると、「わかりやすいこと」が大きく犠牲になってしまうと考え、本書の内容が最適だと判断しました。

「完璧に厳密」とまではいえませんが、それでも定義と定理の違いや、「定義を出発点として、定理を積み上げていく数学の面白さ」が十分に伝わる内容になったものと期待しています。

最後に、原稿を確認していただいた友人・家族に心から感謝申し上げます。

2020 年 2 月
難波博之

［著者プロフィール］

難波博之（なんば ひろゆき）

1991年生まれ、岡山県で育つ。東京大学工学部卒業。東京大学大学院情報理工学系研究科修士課程修了。

物心ついた頃から数や図形が好きで、中学1年生の時点で高校数学の全範囲を独学で学習。高校時代に、国際物理オリンピックメキシコ大会で銀メダルを受賞。大学時代には、「数学のマニアックな定理をわかりやすく伝える」というコンセプトのウェブサイト「高校数学の美しい物語」を「マスオ」名義で開設。大学生や受験生、数学愛好家の間でたちまち話題となり、月間150万PVを誇る超人気サイトとなる。

現在は大手メーカーで研究開発に携わる傍ら、ウェブサイト「高校数学の美しい物語」の運営を続けている。

著書に、『高校数学の美しい物語』（小社刊）がある。

学校では絶対に教えてもらえない
超ディープな算数の教科書

2020 年 3 月 22 日　初版第 1 刷発行
2023 年 3 月 25 日　初版第 7 刷発行

著　者	難波博之
発行者	小川淳
発行所	SB クリエイティブ株式会社
	〒106-0032 東京都港区六本木2-4-5
	電話 03（5549）1201（営業部）

装　丁	西垂水敦・市川さつき（krran）
表紙・本文イラスト	いしかわみき
本文デザイン・DTP	Isshiki（デジカル）
編集協力	野村光
編集担当	鯨岡純一
印刷・製本	三松堂株式会社

本書をお読みになったご意見・ご感想を下記 URL、QR コードよりお寄せください。
https://isbn2.sbcr.jp/04578/

ムンディ先生こと
山﨑圭一

公立高校教師
YouTuber
が書いた

一度読んだら
絶対に忘れない

WORLD HISTORY
TEXTBOOK

世界史
の教科書

| 年号がまったく
登場しない | 世界の歴史が
1つの物語でつながる | 4つの地域を
「主役」に展開 |

「世界史ってこんなに面白かったんだ!」
「これを学校の教科書にしてほしい」
と話題沸騰の
"画期的"な歴史入門書

YouTube
授業動画累計
850万回
再生突破!

本体 1500 円＋税
ISBN 978-4-7973-9712-3

30 万部突破のベストセラー!
画期的な歴史入門書と話題沸騰!
年号を一切使わずに、
4つの地域を主役に、
世界の歴史を1つの物語で読み解いた
"新感覚"の世界史の教科書!

一度読んだら絶対に忘れない

世界史の教科書

山﨑圭一（著）